从零
开始搭建前端
监控平台

陈辰◎著

人民邮电出版社
北京

图书在版编目（CIP）数据

从零开始搭建前端监控平台 / 陈辰著. -- 北京：人民邮电出版社，2020.4（2023.3重印）
ISBN 978-7-115-53262-6

Ⅰ. ①从… Ⅱ. ①陈… Ⅲ. ①监控系统 Ⅳ. ①TP277.2

中国版本图书馆CIP数据核字(2020)第003346号

内 容 提 要

本书从实际开发工作中遇到的问题出发，从前端工程师的角度实践从零开始搭建一个前端监控平台。本书共分为 8 章，第 1 章和第 2 章分别介绍搭建前端监控平台的必要性以及如何确定前端监控平台的功能，第 3 章介绍数据上报的方法，第 4 章介绍前端监控平台各功能模块的总体设计，第 5 章介绍相关数据处理工作，第 6 章和第 7 章分别介绍后端服务搭建和前端界面搭建，第 8 章介绍前端监控平台的具体使用场景。

本书内容通俗易懂，实践性强，适合任何对监控平台开发感兴趣的工程师阅读，也适合希望减轻前端监控成本的团队领导者参考。

◆ 著　　　 陈　辰
　责任编辑　杨海玲
　责任印制　王　郁　焦志炜
◆ 人民邮电出版社出版发行　北京市丰台区成寿寺路 11 号
　邮编　100164　电子邮件　315@ptpress.com.cn
　网址　 https://www.ptpress.com.cn
　北京九州迅驰传媒文化有限公司印刷
◆ 开本：720×960　1/16
　印张：12.5　　　　　　　2020 年 4 月第 1 版
　字数：222 千字　　　　　 2023 年 3 月北京第 7 次印刷

定价：59.00 元

读者服务热线：(010)81055410　印装质量热线：(010)81055316
反盗版热线：(010)81055315
广告经营许可证：京东市监广登字 20170147 号

前言

很久以来我一直想把自己的知识梳理一下，然后分享给大家，但是一直没有时间和机会。机缘巧合，在慕课网上讲授"性能优化"系列课程，让我积累了一些分享技术的经验，并具备了一定的总结能力。

现在市面上的大多数监控平台是对性能、网络环境或者产品指标进行监控的。这些平台都非常优秀，但是它们也都在不同程度上存在一定的弊端。

（1）这些平台几乎都是收费的，有的跟云服务打包出售，有的单独出售。

（2）这些前端监控平台的架构都是不开源的，大多数开发者没有办法对这类前端监控平台通过二次开发得到自己想要的前端监控平台，也就没有办法把非开源的前端监控平台改成适合自己项目的前端监控平台。

（3）这些前端监控平台大部分不支持私有化部署，也就是说，前端监控平台的数据不在用户自己手里，而是在前端监控平台的供应商手里。

（4）这些平台的功能定制化能力比较差，这也在情理之中，因为通用性能做得好的平台，定制化能力或多或少会受到影响。

（5）很少有监控平台监控前端报错信息，而是期望测试人员和用户去发现前端问题。如果是测试人员发现问题还好，问题可以得到及时解决，但是如果是用户发现问题，那就可能比较严重了，有时甚至会导致客户投诉，直至演变为网络舆情。

> **提示**
>
> 客户投诉是指客户对企业产品质量或服务不满意而提出的书面或口头上的异议、抗议、索赔和要求解决问题等行为。
>
> 网络舆情是指在互联网上流行的对社会问题不同看法的网络舆论,是社会舆论的一种表现形式,是通过互联网传播的公众对现实生活中某些热点、焦点问题所持的有较强影响力、倾向性的言论和观点。

基于上述介绍的 5 个弊端,结合我任职公司现有的几百条产品线缺少一个前端监控平台的现状,我和一些优秀的同事们开发了一个名为"灯塔"的前端监控平台项目,也就是开源项目 Fee 的前身。本书讲述的内容是以开源项目 Fee 为代码基础的前端搭建的全部流程。

前端工程师经历了从"切图仔"到"工程师"的转变。虽然在部分工程师眼中,前端工程师还处于互联网工程师生存链的底部,但我相信,前端工程师离用户最近,担负的责任也大,有时候出现问题都是前端人员先排查。因此,我萌生了写一本搭建前端监控平台的书的想法,希望能让离用户最近的人更早知道用户的问题。

关于本书

本书共分为 8 章,是按照从抛出问题到解决问题的思路组织内容的。第 1 章和第 2 章介绍的是一个技术类项目需求从无到有的过程。第 3 章到第 7 章介绍的是前端监控平台搭建的具体实践。第 8 章介绍了前端监控平台的使用场景及其面对的挑战。

第 1 章介绍搭建前端监控平台的必要性,以前端监控平台具体解决的问题为切入点,结合真实用户场景,分别阐述了前端监控平台对于前端稳定性的重要程度和对前端工程师成就感的激发。

第 2 章主要介绍如何确定前端监控平台的功能,如何梳理技术类项目的需求。从用户登录失败、服务器页面加载失败、混合 App 内部报错、服务器接口返回错误数据 4 个方面设计出前端监控平台涵盖的主要功能。

第 3 章介绍数据上报(埋点)的方法,从自动上报和手动上报两个方向对数据进行分类。自动上报的数据通常为错误类型数据、性能相关数据、环境相关数据；手动上报数据通常为用户行为数据和流程错误数据，并且剖析了用 1 像素 × 1 像素的 GIF 图上报数据的根本原因。

第 4 章主要是梳理平台在开发阶段需要做的事，交代了前端监控平台在业务系统中所处的位置，以及前端监控平台的内部设计原理。

第 5 章介绍前端监控平台的数据处理工作，从数据入口——服务器日志开始，到消息系统、临时日志存储，介绍了前端监控数据流转的全过程。还介绍了在这个数据全流程当中指令系统和任务系统是如何设计、工作的。

第 6 章介绍后端服务搭建，从最常见的数据库增、删、改、查操作，到服务器接口的设计开发，从功能角度详细介绍了登录相关接口、错误相关接口、报警相关接口、性能相关接口的设计和用途，并且对本书中最重要的内容——错误接口的实现进行了代码级别的讲解。

第 7 章介绍前端界面搭建，从站点开发的整体流程入手，其内容是按照模块划分、配置模块、类库依赖、页面路由、静态资源和数据展示的顺序构思的。7.6 节用很大篇幅来介绍前端监控平台三大主界面（报错主界面、性能主界面、报警主界面）的开发思路和实现代码。

第 8 章主要介绍一些平台搭建之后的使用场景，还介绍了前端监控平台后续遇到的一些新挑战。

附录的主要内容是作者在开发前端监控平台时碰到的一些细节问题和这些问题的解决方案。

读者定位

本书不但适合前端工程师，而且适合后端工程师、移动端工程师，因为本书讲述的是如何从零开始搭建一个前端监控系统，并不限定读者必须用哪种技术完成开发。如果你是一个团队的领导者或者技术骨干，想比用户更早发现错误，但又不想花钱购买前端监控服务，也不想把自己的数据上报给第三方平台，就是想从无到有搭建一个监控平台的话，那么本书很适合你。

阅读本书之前，我们希望你具备一定的前、后端开发经验，熟悉常规的数据库操作，至少搭建过"Hello World"级别的后端服务。如果读者在阅读本书之前还了解一些数据清洗或任务调度的概念，将有助于理解本书的内容。

实例代码说明

本书的实例代码是以 GitHub 上的开源前端监控项目 Fee 作为基础，Fee 项目是以 MIT 协议开源，读者可以从 GitHub 平台上直接下载 Fee 项目，任何人都可以直接使用它或将它改造成自己想要的前端监控平台。强烈建议对照开源项目代码阅读本书，因为本书中示例代码均为关键代码，而开源项目代码为完整项目代码且可执行。技术人员对照功能调试代码是熟悉项目的最快渠道，希望读者读完本书之后能够开发出比 Fee 更好的监控平台。

开源项目 Fee 是贝壳找房前端监控"灯塔"的开源版本，是经过公司 TC（技术委员会）和安全部门审核同意后进行开源的。

致谢

感谢廖雪峰和杨永林两位前辈，在他们的不断鼓励下我才能完成这本书；感谢贝壳找房整个前端工程师团队；感谢我的搭档董亚杰先生和曹奋泽先生；感谢王超先生和黄国伟先生，他们帮我和贝壳找房前端架构组扫清了前进路上的所有障碍；感谢贝壳找房前端架构组的成员对开源项目 Fee 的贡献，他们是姚泽源、韩庆新、廖琪欣、刘江虹、李思嘉、彭元元、孙振超、王强、高吴蔓、黄伟、李俊冬、夏园园、庞凤、马琳、朱敏、顾黎明和米启蒙。

特别感谢姚泽源、韩庆新、邹琴、王怀爽利用业余时间对本书的技术内容进行审校。

感谢我任职过的每一家公司：联想、百度、简谱科技、阿里巴巴，以及我现任职公司贝壳找房。每一次的工作经历都使我在能力和视野上有了长足的进步。

最后，感谢人民邮电出版社的杨海玲编辑。

资源与支持

本书由异步社区出品，社区（https://www.epubit.com/）为你提供相关资源和后续服务。

配套资源

本书提供源代码下载。要获得以上配套资源，请在异步社区本书页面中单击 配套资源 ，跳转到下载界面，按提示进行操作即可。注意：为保证购书读者的权益，该操作会给出相关提示，要求输入提取码进行验证。

提交勘误

作者和编辑尽最大努力来确保书中内容的准确性，但难免会存在疏漏。欢迎你将发现的问题反馈给我们，帮助我们提升图书的质量。

当你发现错误时，请登录异步社区，按书名搜索，进入本书页面，单击"提交勘误"，输入勘误信息，单击"提交"按钮即可。本书的作者和编辑会对你提交的勘误进行审核，确认并接受后，你将获赠异步社区的100积分。积分可用于在异步社区兑换优惠券、样书或奖品。

扫码关注本书

扫描右侧二维码，你将会在异步社区微信服务号中看到本书信息及相关的服务提示。

与我们联系

我们的联系邮箱是 contact@epubit.com.cn。

如果你对本书有任何疑问或建议，请你发邮件给我们，并请在邮件标题中注明本书书名，以便我们更高效地做出反馈。

如果你有兴趣出版图书、录制教学视频，或者参与图书翻译、技术审校等工作，可以发邮件给我们；有意出版图书的作者也可以到异步社区在线投稿（直接访问 www.epubit.com/selfpublish/submission 即可）。

如果你来自学校、培训机构或企业，想批量购买本书或异步社区出版的其他图书，也可以发邮件给我们。

如果你在网上发现有针对异步社区出品图书的各种形式的盗版行为，包括对图书全部或部分内容的非授权传播，请你将怀疑有侵权行为的链接发邮件给我们。你的这一举动是对作者权益的保护，也是我们持续为你提供有价值的内容的动力之源。

关于异步社区和异步图书

"异步社区"是人民邮电出版社旗下 IT 专业图书社区，致力于出版精品 IT 技术图书和相关学习产品，为作译者提供优质出版服务。异步社区创办于 2015 年 8 月，提供大量精品 IT 技术图书和电子书，以及高品质技术文章和视频课程。更多详情请访问异步社区官网 https://www.epubit.com。

"异步图书"是由异步社区编辑团队策划出版的精品 IT 专业图书的品牌，依托于人民邮电出版社近 30 年的计算机图书出版积累和专业编辑团队，相关图书在封面上印有异步图书的 LOGO。异步图书的出版领域包括软件开发、大数据、AI、测试、前端、网络技术等。

异步社区

微信服务号

目录

第 1 章 前端监控平台解决的问题　　1
1.1 解决稳定性问题　　1
1.2 解决技术产出问题　　6
1.3 小结　　8

第 2 章 我们就是产品经理　　9
2.1 定义平台边界　　9
2.2 把需求翻译成研发文档　　10
2.2.1 用户登录失败　　10
2.2.2 服务器页面加载失败　　11
2.2.3 混合 App 内部报错　　11
2.2.4 服务器接口返回错误数据　　12
2.3 小结　　13

第 3 章 上报数据　　15
3.1 自动上报数据　　16
3.1.1 错误类型数据　　16
3.1.2 性能相关数据　　22

3.1.3　环境相关数据　　　　　　　　　　　　27
　3.2　手动上报数据　　　　　　　　　　　　　　29
　　　3.2.1　用户行为数据　　　　　　　　　　　　31
　　　3.2.2　流程错误数据　　　　　　　　　　　　32
　3.3　上报数据的形式　　　　　　　　　　　　　32
　3.4　小结　　　　　　　　　　　　　　　　　　37

第 4 章　总体设计　　　　　　　　　　　　　　　39
　4.1　业务系统的整体架构　　　　　　　　　　　39
　4.2　监控平台的整体架构　　　　　　　　　　　40
　4.3　小结　　　　　　　　　　　　　　　　　　42

第 5 章　数据处理　　　　　　　　　　　　　　　43
　5.1　服务器日志　　　　　　　　　　　　　　　43
　5.2　消息系统　　　　　　　　　　　　　　　　47
　5.3　临时日志存储　　　　　　　　　　　　　　53
　5.4　数据存储　　　　　　　　　　　　　　　　60
　5.5　指令系统　　　　　　　　　　　　　　　　62
　　　5.5.1　SaveLog 指令　　　　　　　　　　　　64
　　　5.5.2　Parse 指令　　　　　　　　　　　　　64
　　　5.5.3　Summary 指令　　　　　　　　　　　66
　　　5.5.4　WatchDog 指令　　　　　　　　　　　68
　5.6　任务系统　　　　　　　　　　　　　　　　69
　5.7　小结　　　　　　　　　　　　　　　　　　71

第 6 章　服务搭建　　　　　　　　　　　　　　　73
　6.1　启动一个服务器程序　　　　　　　　　　　73

6.2 数据 76
    6.2.1 数据库操作工具箱 77
    6.2.2 用户接口的依赖数据获取 81
    6.2.3 增 82
    6.2.4 删、改 84
    6.2.5 查 85
    6.2.6 数据接口的依赖数据获取 86
6.3 服务器接口 89
    6.3.1 路由 90
    6.3.2 接口 91
    6.3.3 登录相关接口 92
    6.3.4 错误相关接口 95
    6.3.5 报警相关接口 103
    6.3.6 性能相关接口 111
6.4 小结 123

第 7 章 界面展示 125

7.1 模块划分 125
7.2 配置模块 126
7.3 类库依赖 127
7.4 页面路由 132
7.5 静态资源 144
7.6 数据展示 144
    7.6.1 报错主界面展示 145
    7.6.2 性能主界面展示 157
    7.6.3 报警主界面展示 169
7.7 小结 174

第 8 章　监控平台的使用　　175

8.1　监控平台的使用场景　　175

8.2　监控平台本身的挑战　　179

8.3　小结　　181

附录　Node.js 后端处理方案总结　　183

第 1 章

前端监控平台解决的问题

每一个平台的形成都源自于广泛的需求,抽象出这些需求的公共特性所形成的产品叫作平台。

在加入贝壳找房后,多个业务产品线的技术人员都跟我提起过,他们想知道线上前端页面报错的情况,想知道页面的性能如何,也想知道使用我们产品的人到底使用的是什么设备。这就是监控平台形成的前提条件,也是必要条件。在本书中,我会以 Fee 作为前端监控平台的代号。

提示

Fee 是以贝壳找房"灯塔"前端监控项目为基础架构的开源项目代号,由于本书的代码是以 GitHub 上开源项目 Fee 的代码作为参考代码的,因此为了方便大家识别,在本书中前端监控平台以 Fee 作为简称。

1.1 解决稳定性问题

在站点线上运行阶段,稳定性问题是最重要的问题。一旦稳定性出现问题,站点访问用户会感觉操作不流畅,产品流程阻塞,甚至会出现网页无法显示的状况。

有一种情况是在后端接口突然上线的情况下,某个接口反馈数据格式错误。如果接口数据无法被前端代码正常解析,就会造成 JavaScript 解析错误,将直接导致用户看到的网页没有任何内容,影响用户使用体验。如果没有监控平台的话,当我们发现问题的时候，可能已经流失了很大一部分用户了。

另一种情况是在前端项目刚刚上线时出现问题。这类问题在测试阶段往往可以发现，因为在大多数公司的上线流程中有线上回归测试。这类测试主要是在线上环境最后验证上线部分功能的可用性。但是回归测试毕竟是由人来操作的，是人就难免会犯错，我们也不能保证所有的问题都能被测试工程师发现。因此在上线之后观察监控平台的错误数据，其实也解决了在项目上线过程中出现问题的情况。

Fee 项目最开始起源于一款客户端项目（该项目主要是一款 Windows 套壳程序）。该客户端项目使用 NW.js 技术进行开发，但是根据实际用户反馈，使用过程中该客户端会有较大概率崩溃，而且 NW.js 1.4 支持 Windows XP，NW.js 2.0 只支持 Windows 7。那么问题来了，我们的项目到底要支持哪个系统？是不是都要支持？为了分析这些问题，我们做了图 1-1 所示的 Fee 平台的系统发布功能。在图 1-1 中，"系统发布"模块可以展示用户实际的使用设备信息、浏览器信息、设备分布和应用版本分布。这些功能有助于我们判断用户实际使用场景。

提示

所谓 Windows 套壳就是一款 Windows 程序。项目原理是项目外层以一个 C++ 程序作为运行容器，内部的内容均由前端页面代替，这样能保证迭代更迅速且不需要版本发布。

提示

NW.js 是基于 Chromium 和 Node.js 的。它允许我们直接从浏览器调用 Node.js 代码和模块，并在我们的应用程序中使用 Web 技术。此外，我们可以轻松地将 Web 应用程序打包到本机应用程序。

如果 bug 是必现的，那么其实非常好解决。但是如果 bug 不是必现的呢？指望普通用户或者非技术人员来引导你修复 bug，显然不是一个好主意。因此，又多了一个问题，即根据 bug 出现的时间，观察当时 bug 产生的环境数据，无论是 bug 的个体数据还是 bug 整合之后的趋势数据（主要是版本发布、接口上线造成的瞬时问题，也有可能是特定版本对某一系统本身存在的问题），根据这些数据及时寻找并解决用户反馈的问题。为了快速有效地定位问题，我开发了图 1-2 所示的崩溃和错误趋势图。

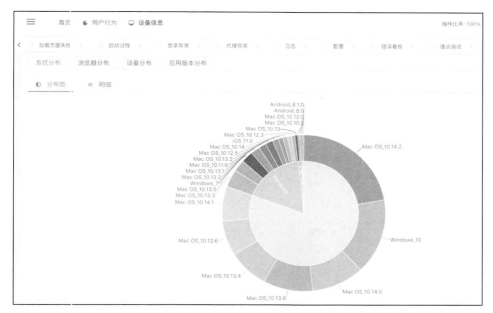

图1-1 Fee平台的"系统发布"模块

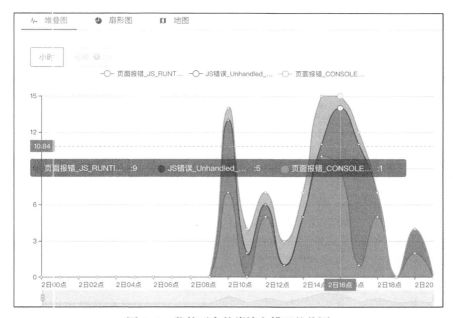

图1-2 监控平台的崩溃和错误趋势图

后来,在跟所在公司各个团队前端负责人的碰头会中,我发现大家都有这样的问题，比如，某团队出现了一个问题，用户反馈手机端进入交易历史记录页面后白屏，但是这个问题并不是必现的，而且用户（这里的用户指的是使用站点的普通用户）只能表述问题的现象。由于用户是非技术人员，所能提供的信息往往也不能帮助我们直接定位问题关键点，更没有办法辅助我们修复 bug，而且问题是非必现的，非必现类 bug 不能复现，因此修复这类 bug 往往很困难。修复 bug 的一个关键点就是如何保留 bug 出现的现场。毫无疑问，bug 的堆栈信息是解决 bug 的重要现场。图 1-3 所示就是一个图片加载失败的 bug 堆栈信息。这个堆栈信息描述的是在 aaaa.*****.com 域名下某张图片加载失败了。因此具体 bug 的堆栈信息也是前端监控平台不可或缺的功能。至此，我们已经介绍完前端监控平台大部分功能的使用场景。

```
2019-08-28 11:12:39           页面报错_JS_RUNTIME_ERROR                    aaaa.xxxxx.com/

{
    "type": "error",
    "project_name": "wwfdsfss-fdsfw",
    "extra": {
        "desc": "Script error. at :0:0",
        "stack": "no stack"
    },
    "ip": "117.136.101.xxx",
    "country": "中国",
    "province": "安徽",
    "city": "",
    "code": 7,
    "project_id": 2,
    "time": 1566961959,
    "time_ms": 1566961959000,
    "common": {
        "pid": "aasfdfe-dfsfebvvvc-xxxx",
        "uuid": "865763039437451",
        "version": "1.0.0",
        "runtime_version": "1.0.0",
```

图 1-3　图片加载错误栈信息

　　不知道大家是否碰到过这样的一个场景：突然有一天，老板拿了一个不知名的手机（也可能是某知名品牌）问你一些问题，"为什么我的手机看不了""为什么我用不了咱们新上的功能"。为了回答老板的问题，我们必须研究某些功能为什么不兼容老板的手机，然后为了解决这个问题，我们必须尝试写一些破坏代码整体逻辑的兼容代码，也许这个兼容代码会在后续的开发任务中把你拖进问题深渊。也许兼容老板的手机所花费的时间，比开发这个功能所消耗的时间还要长。我个人并不完全认同"面向老板"的编程。因此，我需要用数据向我的老板证明，他用的手机很可能不是我们的主要用户所使用的。我们可能需要一个图 1-4 所示的设备分布饼状图来分析设备占比，从而使功能更好地满足用户的需求。

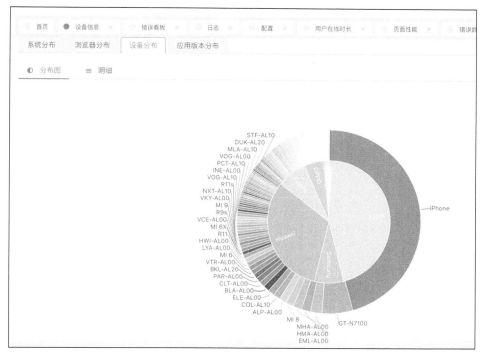

图 1-4　设备分布饼状图

在前端项目的优化方案中我们常常会提到"前端性能优化"这个词，"前端性能优化"流程的第一步就是获取前端性能数据的现状，第二步是研发人员针对要提升的关键前端性能数据给出解决方案，最后在前端性能优化解决方案上线之后，根据上线之后的前端性能数据评价本次方案是否成功。因此，如果某个前端项目要进行前端性能优化，收集、展示前端性能监控数据的这个功能是前端监控平台必不可少的。

此外，前端开发者还需要使用前端性能数据看板功能来对比性能优化之前和优化之后的情况。图 1-5 所示为前端性能关键指标耗时功能展示，图 1-6 所示为监控平台页面总体性能指标。至此，我们已经介绍完前端监控平台大部分功能的使用场景。

以上就是前端监控平台所包含的稳定性功能。接下来在 1.2 节中将介绍前端监控平台解决的另一个问题——技术产出。

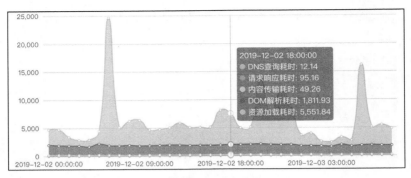

图 1-5　前端性能关键指标耗时模块

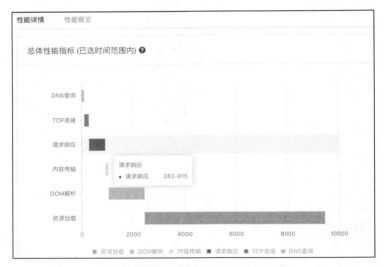

图 1-6　监控平台页面总体性能指标

1.2　解决技术产出问题

在项目还没有启动的时候，整个前端团队在讨论项目的过程中突然抛出了一些问题：平时业务开发时，开发工程师不断接入新需求，开发新功能，到底是为了什么？我们只是支撑团队吗？我们经常强调要把业务当作自己的项目，但是成就感来自何处？大家均感觉最主要的成就感来自对业务的贡献。说得直白一点，也就是项目做完之后有多少人用，增加了多少收入。那么，我们开发的既然是一个解决问题的平台，能不能在我们做了技术方案之后，也来评估一下这个技术方案是否是有效的呢？（我认为方案能为公司层面或者产品层面提升多大收益是评价方案是否优秀的唯一标准，而不是方案的技术有多么高深。前端方案的追求应该是有效、稳定、快速。）

在我有了这个想法（技术产出其实是由业务好坏来衡量的）之后，我跟组内的大多数前端工程师沟通了一次，发现大家有对于成就感的困惑，然后我在几个前端团队中发起了一个问卷调查，问卷调查的内容是"如果有一个功能帮助你统计你开发的功能模块的具体使用情况，你们会去用吗？"。问卷的结果几乎都是他们一定会去用。后来这个功能上线了，还让开发人员有了意外的收获，就是在产品经理提出同类型产品需求的时候，如果上次产品效果不好，我们就会质疑产品经理提出的这个需求。因此，在前端监控平台的需求里又多了一个功能——业务模块使用情况（如图1-7所示）。

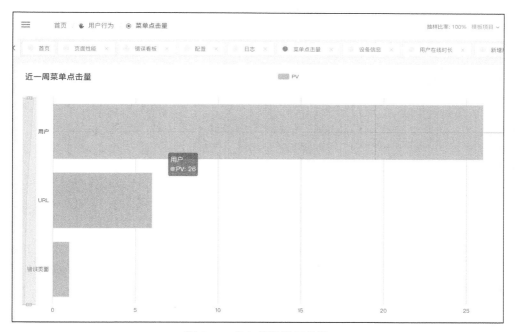

图1-7　业务模块使用情况

后来应业务方前端工程师的诉求，我们又加入了一个统计业务模块使用时间的功能，用来统计业务模块的使用频次，从而评估业务模块在低频次使用情况下的开发价值。例如，用户平均在线时长就可以是我们关注的一个指标，如图1-8所示。

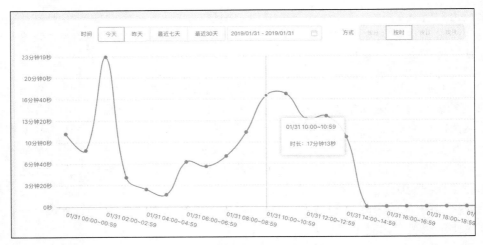

图 1-8　用户平均在线时长

1.3　小结

本章以实际生产项目中遇到的问题为基础，深入问题本质挖掘前端监控平台的需求。从解决这些问题和如何体现技术价值两个不同的角度出发，总结出了一个高质量的前端监控平台所需要的主要功能。同时这些问题也折射出了我们确实迫切地需要一个这样的前端监控平台来解决问题。

注意

结合第 1 章中监控所解决的问题，本书定义的前端监控平台的使命是："让我们能够比用户更早发现问题，并且能在用户发现问题之前解决问题，通过产品或者业务数据体现前端工程师的价值。"因此，前端监控平台的核心需求都是以此为基础的。

第 2 章
我们就是产品经理

把从各个研发人员那里收集来的信息转换成需求从而形成文档是一项非常有挑战性的工作。我们首先要定位产品用户（这里，用户指的是使用前端监控平台的研发和测试人员，而非第 1 章中提到的站点的普通使用者），然后确定需求来满足用户。这些工作往往由我们自己完成，因此我们就是产品经理。

2.1 定义平台边界

在我 8 年的开发生涯里（大多数业务需求是跟产品经理打交道），我从来没有认为产品经理什么都不会。尤其这次在我梳理这个监控项目的需求时，以及对接各个业务方所提出的需求时，我感觉产品经理尤其重要。

开发本书中这个项目的目的是打造一个能监控线上前端错误、可支持私有化部署的平台，这些就是我们的需求。但周围或多或少会有其他的声音，例如，项目能支撑首屏展示模块的个数和展示的频率吗？能提供页面的产品漏斗吗？这些声音来自各个方向，有的来自兄弟部门的技术负责人，有的来自产品经理，也有的来自老板。

那么我们做事情的边界在哪里呢？我在公司见过有人想做大而全的项目，最后却什么都做不成，因为包袱太重。在做前端监控平台的时候，我突然想到了一个词——使命。了解我们做前端监控平台的使命是什么，与这个使命无关的都要剔除，因为那些不是我们想要的产品。

在第 1 章中，前端监控平台的使命已经明确，接下来就是确定要做的具体工作。"让我们能够比用户更早发现问题"意味着我们要做的平台是一个报警平台；

"并且能在用户发现问题之前解决问题"意味着我们需要在不打扰用户的前提下（不做电话回访）通过已知的平台数据来解决用户问题；"通过产品或者业务数据体现前端工程师的价值"需要前端监控平台有观察业务模块使用情况的功能，以及统计用户在某个页面的在线时长等功能，并且强调做所有的事情都需要边界。

2.2 把需求翻译成研发文档

为了使前端监控平台完成"让我们能够比用户更早发现问题"这个使命，我们需要一些指标，一些让用户感觉系统无法使用或者明显操作不畅的指标，而技术人员要能看懂这些技术指标的具体含义，并且能够通过它们发现用户使用的系统真的出现问题了。在开发前端监控平台项目第一期的时候，我们列出了几个一定会影响用户操作的指标。

2.2.1 用户登录失败

涉及登录的问题都是严重的问题，因为如果用户登录不了，就没有办法进行后续操作，针对用户的导向、广告投放以及对于用户行为的分析、产品后续决策也都无从谈起。也就是说，如果用户没有登录，关于用户的一切我们就都无法知道。一个登录页面在加载或者初始化的过程中失败，致使登录失败，这类登录错误是在开发过程中常出现，如图 2-1 所示。因此，我们需要一种提供启动能力监控的项，即用户登录失败的情况。

图 2-1 用户登录失败界面

2.2.2 服务器页面加载失败

一般情况下，错误会出现在数据交互的过程中，所以我们把错误拆分一下，有一种情况是交互过程中，服务器本身出现错误，这类错误可能导致服务访问的过程中出现 404、500 和 503 错误。一个 404 页面的示例如图 2-2 所示。

图 2-2　404 错误页面

2.2.3 混合 App 内部报错

还有一种情况与上面的情况类似，但是属于套壳（就是 HTML5 页面嵌入在客户端的 WebView 中，或者嵌入在使用 NW.js、Electron 开发的客户端中），这种情况下难免会出现正常访问没有问题，但是在套壳程序中访问不到的情况。WebView 内核版本问题或者套壳程序中出现代理错误这类问题往往更不容易排查。

提示

WebView 也就是我们熟悉的"网络视图"，能加载并显示网页，可以将其视为一个浏览器，主要用于展示网络请求后的内容（将网络地址请求的内容展示在里面）。通常情况下，WebView 是 HTML5 页面嵌入 Android 和 iOS 手机应用中所需要的外部容器，目前市面上大多数混合开发的移动端应用使用的是这种方式。

这是我做过的一款 Android 应用程序中的 WebView 地图界面，如图 2-3 所示。这款应用刚上线的时候是没有任何问题的，但是突然有一天 WebView 中加载的地图 URL 更新了，有人告诉我地图功能失灵了，但没有人知道它是从什么时候变成这样子的。我直接访问 WebView 地图加载的 URL，发现返回的界面如图 2-4 所示，服务页面已经访问不到了。这类问题就是混合 App 内部报错的具体场景。

图 2-3　Android 应用程序中的 WebView 加载失败　　图 2-4　地图服务加载失败

2.2.4　服务器接口返回错误数据

最后一种情况就是，我们提交的数据本身已经被服务器端接收到，服务器端也把数据返回给我们了，但是数据结构本身出现了问题，服务器端监控平台是比较难监控到这类问题的，因为这类问题太趋近于业务。但这类问题对用户来说却是毁灭性的，因为如果服务器返回的数据中某个字段是空的，那么用户看到的界面就存在部分空白的情况，还可能有更糟糕的情况出现。例如，被解析字段不存在，页面报错（相信不是每位前端工程师在使用属性之前都会判断该属性是否挂载在目标对象上）导致整个页面白屏。

因此，截至目前，我们确定的监控指标包括登录异常、启动过程异常、服务器错误、加载页面失败和接口结构错误等。此外，我们还需要一些支撑我们做决策的数据，如操作系统类别、版本号和浏览器类型等，以便我们了解用户的运行环境，更好地解决问题，这就出现了一个新指标——设备信息。

前端监控平台的主要功能总结如下：

- 提供展示饼状系统分布图和饼状设备分布图的功能（展示为形式饼状图）；
- 提供展示系统内部菜单详细点击量的功能（展示形式为柱状图）；
- 提供统计用户平均在线时长的功能（展示形式为折线图）；
- 提供用户登录失败检测、服务器页面加载失败检测、混合 App 内部报错检测和服务器接口返回错误数据检测功能；
- 提供报警的功能（可能是微信报警、邮件报警、短信报警等）。

2.3 小结

本章给出了前端监控平台使命的概念，进而衍生出平台的功能边界，并强调了监控平台的核心需求都是以此为中心的，既不能改变边界，也不能逾越边界。此外，本章通过收集具体的问题场景，分析问题出现的详细原因，逐步产生平台的功能性需求，并站在用户的角度观察问题，总结出用户最迫切的需求。

第 3 章

上报数据

在大多数监控系统中，监控的数据是一切功能的入口，决定着平台后续的扩展能力。如图 3-1 所示，我们把监控数据类型分为两部分，一部分是自动上报数据，另一部分是手动上报数据。为了方便前端工程师使用，我们需要提供标准、统一的上报数据方法集合，也称为上报数据 SDK。

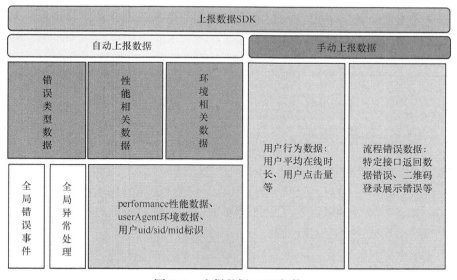

图 3-1　上报数据 SDK 架构

自动上报的数据又分为错误类型数据、性能相关数据和环境相关数据。

- 错误类型数据：通过对全局错误事件、全局异常处理的监听获取，主要是常见的 JavaScript 语法错误、运行错误、资源加载错误等。这类错误往往会直接影响用户正常使用网页。这类错误数据最重要。
- 性能相关数据：主要是常见的 performance API 中的性能指标数据，包括但不限于 timing.navigationStart、timing.fetchStart 等。这类数据较差往往会影响用户的操作体验，通常情况下不会完全阻塞用户操作，极少数情况下会造成跟错误类型数据一样的严重影响。
- 环境相关数据：主要是获取 userAgent 相关的环境数据，还有跟业务相关的数据（uid、sid、mid）。此类数据不会对用户使用网页产生任何影响，但是我们做技术决策或者排查线上问题时可能会依赖这类数据。

手动上报数据主要分为用户行为数据和流程错误数据。
- 用户行为数据：主要是用户平均在线时长、用户菜单点击量等。
- 流程错误数据：主要是在全局错误事件不存在的情况下，或在全局异常处理中无法监听的错误数据，但是这类数据对于业务方又非常具有价值，此类数据需要前端开发工程师自定义格式进行手动上报。

提示

SDK 即软件开发工具包，一般都是一些软件工程师为特定的软件包、软件框架、硬件平台、操作系统等建立应用软件时的开发工具的集合。在本书中前端监控的 SDK 具体为一个完成数据收集、数据上报的 JavaScript 文件。

3.1 自动上报数据

自动上报数据的优势在于不破坏业务逻辑代码，只要在业务代码中的 `<head></head>` 标签中嵌入上报数据的 SDK（一个简单的脚本标签）即可，业务代码层面什么都不需要做，就可以把错误类型和性能相关的数据上报上来。接下来将详细介绍这几类自动上报数据。

3.1.1 错误类型数据

错误类型数据主要是运行过程中的前端报错，如 JavaScript 的引擎报错，React 和 Vue 等常用框架的报错，JavaScript 解析或运行时报错。一旦发生错误，SDK 会自动收集这些错误并上报。JavaScript 原生提供 Error 构造函数，所有抛出的错误都是这个构造函数的实例。Error 实例对象有以下 3 个属性。

- message：错误提示信息。
- name：错误名称。
- stack：错误的栈。

让我们来构建一个错误类型数据的代码，在浏览器控制台中输入下面的代码：

```
var err = new Error('出错了');
console.dir(err)
```

在上面的示例代码中，err 是一个对象类型，拥有 message、stack 两个属性，还有一个原型链上的属性 name，来自构造函数 Error 的原型。执行上述代码之后，运行结果如图 3-2 所示。

图 3-2 通用错误控制台信息

图 3-3 构造了一个 SyntaxError 语法报错对象，并且把错误信息输出到控制台中。错误不只是图 3-2 和图 3-3 中展示的这两种，所有的错误可以归类为以下 7 种。

- SyntaxError：语法错误。
- TypeError：类型错误。
- RangeError：范围错误。
- ReferenceError：引用错误。
- EvalError：eval 错误。
- URIError：URL 错误。
- Failed to load resource：资源加载错误。

下面我们详细介绍这 7 种错误。

SyntaxError（语法错误）是代码解析时发生的语法错误。我们写了一个错误的语法，代码如下：

```
function fn() {
    var a =
}
fn()
```

运行结果如图 3-3 所示。

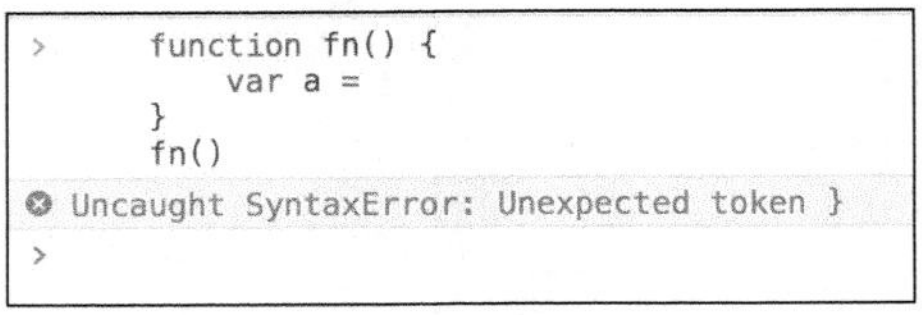

```
>   function fn() {
        var a =
    }
    fn()
⊗ Uncaught SyntaxError: Unexpected token }
>
```

图 3-3　SyntaxError 语法报错对象的信息

TypeError（类型错误）是变量或者参数不是预期类型时发生的错误。例如，在数值类型上调用数组的方法，代码如下：

```
var a = 1234
// Uncaught TypeError: Cannot read property 'contact' of null
a.contact(9)
```

运行结果如图 3-4 所示。

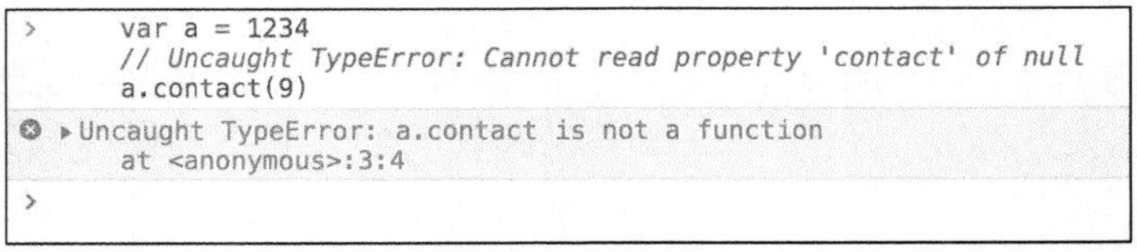

```
>   var a = 1234
    // Uncaught TypeError: Cannot read property 'contact' of null
    a.contact(9)
⊗ ▶ Uncaught TypeError: a.contact is not a function
        at <anonymous>:3:4
>
```

图 3-4　TypeError 类型报错对象的信息

RangeError（范围错误）是一个值超过有效范围时发生的错误。例如，设置数组的长度为一个负值，代码如下：

```
// 数组长度不得为负数
new Array(-1)
// Uncaught RangeError: Invalid array length
```

运行结果如图 3-5 所示。

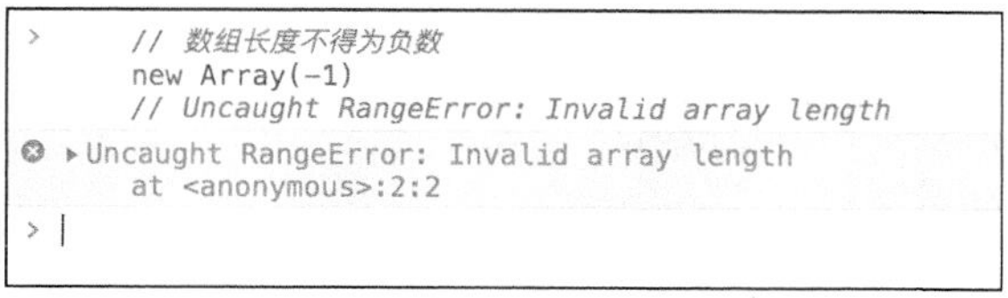

```
>    // 数组长度不得为负数
     new Array(-1)
     // Uncaught RangeError: Invalid array length
⊗ ▶ Uncaught RangeError: Invalid array length
     at <anonymous>:2:2
> |
```

图 3-5　RangeError 范围越界错误

ReferenceError（引用错误）是引用一个不存在的变量时发生的错误，代码如下：

```
// Uncaught ReferenceError: mmm is not defined
console.log(mmm)
```

运行结果如图 3-6 所示。

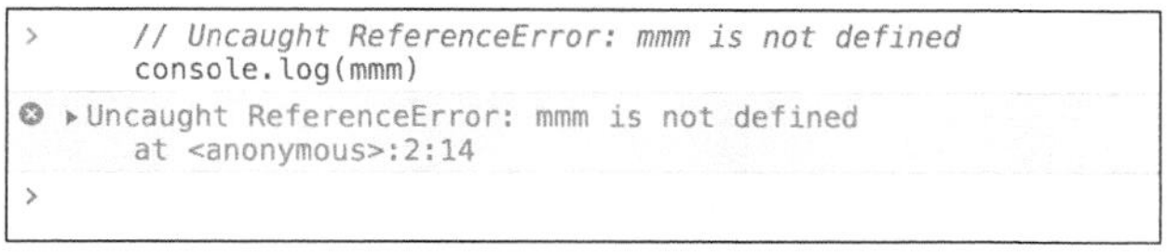

```
>    // Uncaught ReferenceError: mmm is not defined
     console.log(mmm)
⊗ ▶ Uncaught ReferenceError: mmm is not defined
     at <anonymous>:2:14
>
```

图 3-6　浏览器 ReferenceError 引用错误栈信息

EvalError（执行错误）是 eval 函数没有被正确执行时抛出的错误，代码如下：

```
// Uncaught TypeError: eval is not a constructor
new eval()
eval = () => {}
```

运行结果如图 3-7 所示，大家看到图中所展示的错误为 TypeError，主要是由于 EvalError 类型错误已经不再使用了，只是为了保证与以前代码兼容才继续保留，EvalError 类型错误永远不会被 JavaScript 引擎抛出，所以当出现 EvalError 错误时，通常会提示为 TypeError 错误。

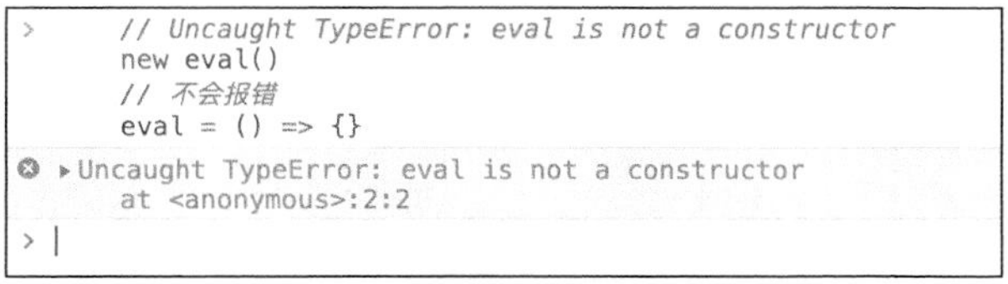

```
>    // Uncaught TypeError: eval is not a constructor
     new eval()
     // 不会报错
     eval = () => {}
⊗ ▶ Uncaught TypeError: eval is not a constructor
     at <anonymous>:2:2
> |
```

图 3-7　浏览器执行错误

URIError(URL 错误) 指调用 decodeURI、encodeURI、decodeURIComponent

这类浏览器提供的方法时发生的错误，代码如下：

```
// URIError: URI malformed
    at decodeURIComponent
decode
decodeURIComponent('%')
```

运行结果如图 3-8 所示。

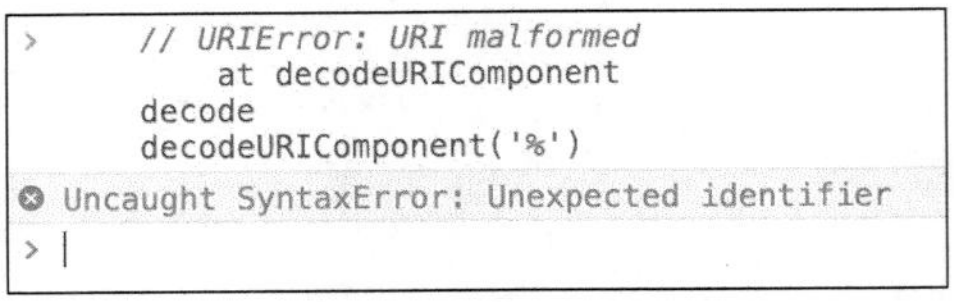

图 3-8　浏览器 URL 解析执行错误

Failed to load resource（资源加载错误）是指当以下标签加载资源出错时发生的错误，代码如下：

```
<img>, <input type="image">, <object>, <script>, <style>, <audio>, <video>
```

可以用 onerror 事件监听资源加载错误，代码如下：

```
<img onerror="handleError">
```

除了用 onerror 这种方法监听资源加载错误，还可以通过绑定全局事件"error"来监听。例如，可以使用下面这种代码书写形式：

```
window.addEventListener('error', handleError, true)
```

当加载跨域资源时，要使浏览器不报错，需要在元素上添加 crossorigin，同时服务器需要在响应头中设置 Access-Control-Allow-Origin 为星号（*），才能保证浏览器在跨域请求资源时不报错。

```
<script src="***" crossorigin></script>
```

了解了需要收集的错误相关数据之后，我们就可以开始写 SDK 的第一部分代码了。这部分代码就是获取错误信息的代码，如代码清单 3-1 所示。

代码清单3-1　全局错误error捕获处理

```
// 监听资源加载错误(JavaScript Scource failed to load)
```

```
window.addEventListener('error', function (event) {
    // 过滤target为window的异常，避免与上面的onerror重复
    var errorTarget = event.target
    Var errorName = errorTarget.nodeName.toUpperCase()
    if (errorTarget !== window && errorTarget.nodeName && LOAD_ERROR_TYPE
[errorName]) {
        handleError(formatLoadError(errorTarget))
    } else {
        // onerror会被覆盖，因此转为使用Listener进行监控
        let { message, filename, lineno, colno, error } = event
        handleError(formatRuntimerError(message, filename, lineno,
colno, error))
    }
}, true)
// 监听浏览器中捕获到未处理的Promise错误
window.addEventListener('unhandledrejection', function (event) {
    handleError(event)
}, true)
// 针对vue报错重写console.error
// TODO
console.error = (function (origin) {
    return function (info) {
        var errorLog = {
            type: ERROR_CONSOLE,
            desc: info
        }
        handleError(errorLog)
        origin.call(console, info)
    }
})(console.error)
```

启动 handleError 方法为错误的统一处理函数。其实 unhandledrejection 和 error 的捕获大家都比较清楚：unhandledrejection 是为了获取 Promise 的报错，以及解决部分框架把错误吞掉的问题；error 就只是全局错误，之所以使用 addEventListener 来进行绑定而不使用等号（=）是因为个别用户会使用等号来重写 error，这样 SDK 本身都得不到任何错误了。可能大家还不太清楚 formatLoadError 和 formatRuntimerError 的作用，它们其实是对错误进行了一次信息包装，以方便之后把错误数据上传到服务器，具体代码如代码清单 3-2 所示。

代码清单 3-2　formatLoadError 和 formatRuntimerError 数据包装

```
/**
 * 生成runtime错误日志
 *
 * @param  {String} message  错误信息
 * @param  {String} source   发生错误的脚本URL
```

```
 * @param   {Number} lineno    发生错误的行号
 * @param   {Number} colno     发生错误的列号
 * @param   {Object} error     error对象
 * @return  {Object}
 */
function formatRuntimerError (message, source, lineno, colno, error) {
  return {
    type: ERROR_RUNTIME,
    desc: message + ' at ' + source + ':' + lineno + ':' + colno,
    stack: error && error.stack ? error.stack : 'no stack' // IE <9, has no error stack
  }
}

/**
 * 生成laod错误日志
 *
 * @param   {Object} errorTarget
 * @return  {Object}
 */
function formatLoadError (errorTarget) {
  return {
    type: LOAD_ERROR_TYPE[errorTarget.nodeName.toUpperCase()],
    desc: errorTarget.baseURI + '@' + (errorTarget.src || errorTarget.href),
    stack: 'no stack'
  }
}
```

通过这种方式，在每个错误产生的时候，我们就能获取 formatLoadError 或 formatRuntimerError 中返回的错误的栈信息。

3.1.2 性能相关数据

我们已经知道了如何把错误相关的数据收集起来，接下来监控平台开发者需要分析一下性能相关的指标是如何获取的，通常情况下我们会通过浏览器的 performance 对象来获取常规的性能指标（一般是页面性能的各个阶段时间，如图 3-9 所示）。

performance 一般挂载到浏览器的 window 命名空间下。在 performance 中，timing 是主要承载性能数据的对象，并且 timing 是只读对象（这意味着 timing 里的所有值是不可以修改的）。虽然浏览器的监控会随着浏览器厂商不断变化，但我们仍然可以在 caniuse 平台上进行查找，现阶段 caniuse 也是公认的比较权威的查询站点，如图 3-10 所示。

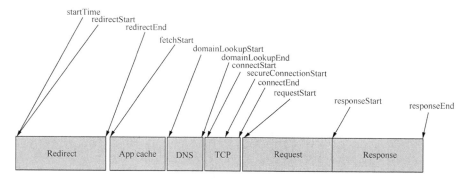

图 3-9　performance 访问流程图

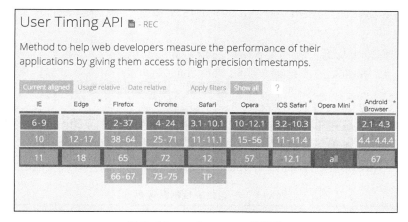

图 3-10　performance 兼容性

> **提示**
>
> caniuse 所有查询结果均来自 w3c 官方标准。

下面让我们来看一下图 3-9 中的哪些值能为我们所用，以及它们的含义是什么，图 3-9 中并没有包括以下描述的所有值，其余值可以通过访问 performance.timing 对象的方式罗列出来。下面只介绍我们最常用的值。

- navigationStart：浏览器处理当前网页的启动时间。
- fetchStart：浏览器发起 HTTP 请求读取文档的毫秒时间戳。
- domainLookupStart：域名查询开始时的时间戳。
- domainLookupEnd：域名查询结束时的时间戳。
- connectStart：HTTP 请求开始向服务器发送的时间戳。

- connectEnd：浏览器与服务器连接建立（握手和认证过程结束）的毫秒时间戳。
- requestStart：浏览器向服务器发出 HTTP 请求时的时间戳，或者开始读取本地缓存的时间。
- responseStart：浏览器从服务器（或读取本地缓存）收到第一个字节时的时间戳。
- responseEnd：浏览器从服务器收到最后一个字节时的毫秒时间戳。
- domLoading：浏览器开始解析网页 DOM 结构的时间。
- domInteractive：网页 DOM 树创建完成，开始加载内嵌资源的时间。
- domContentLoadedEventStart：网页 domContentLoaded 事件发生时的时间戳。
- domContentLoadedEventEnd：网页所有需要执行的脚本执行完成时的时间，domReady 的时间。
- domComplete：网页 dom 结构生成时的时间戳。
- loadEventStart：当前网页 load 事件的回调函数开始执行的时间戳。
- loadEventEnd：当前网页 load 事件的回调函数结束运行时的时间戳。

当然，这只是其中一部分数据值，我们也使用不了全部的数据，那么通过这些数据我们到底能得到什么呢？其实这些数据经过计算才能得到前端监控平台性能所需要的关键数据，性能关键数据的计算公式如表 3-1 所示。

表 3-1　性能相关数据常规指标

性能数据名称	描述	计算方式
DNS 查询耗时	DNS 解析耗时	domainLookupEnd - domainLookupStart
请求响应耗时	网络请求耗时	responseStart - requestStart
DOM 解析耗时	DOM 解析耗时	domInteractive - responseEnd
内容传输耗时	TCP 连接耗时	responseEnd - responseStart
资源加载耗时	资源加载耗时	loadEventStart - domContentLoadedEventEnd
DOM_READY 耗时	DOM 阶段渲染耗时	domContentLoadedEventEnd - fetchStart
首次渲染耗时	首次渲染时间 / 白屏时间	responseEnd - fetchStart
首次可交互耗时	首次可交互时间	domInteractive - fetchStart
首包时间耗时	首包时间	responseStart - domainLookupStart
页面完全加载耗时	页面完全加载时间	loadEventStart - fetchStart
SSL 连接耗时	SSL 安全连接耗时	connectEnd - secureConnectionStart
TCP 连接耗时	TCP 连接耗时	connectEnd - connectStart

这部分值已经能反映一些问题。比如：

- DNS 查询耗时可以对开发者的 CDN 服务器工作是否正常做出反馈；
- 请求响应耗时能对出返回模板中同步数据的情况做出反馈；
- 由 DOM 解析耗时可以观察出我们的 DOM 结构是否合理，以及是否有 JavaScript 阻塞我们的页面解析；
- 内容传输耗时可以检测出我们的网络通路是否正常，大多数情况下性能问题是网络或者运营商本身的问题；
- 资源加载耗时一般情况下是文档的下载时间，主要是观察一下文档流体积是否过大；
- DOM_READY 耗时通常是 DOM 树解析完成后，网页内资源加载完成的时间（如 JavaScript 脚本加载执行完成），这个阶段一般情况下可能会触发 domContentLoaded 事件；
- 首次渲染耗时表述的是浏览器去加载文档到用户能看到第一帧非空图像的时间，也叫白屏时间；
- 首次可交互耗时是 DOM 树解析完成的时间，本阶段 Document.readyState 状态值为 interactive，并且会抛出 readyStateChange 事件。

提示

这个可交互时间也不一定是完全准确的，因为 DOM 在绑定事件的时候也在消耗时间，但是大多数情况下我们会把这部分时间忽略。另外，现在大多数框架（如 Vue、React、Angular）提供自己的虚拟 DOM，所以相关事件的绑定时间会进一步延后，大概 1 毫秒，随着虚拟 DOM 的节点增多，这个时间会进一步变长。

- 首包时间耗时是浏览器对文档发起查找 DNS（域名系统）表的请求，到请求返回给浏览器第一个字节数据的时间。这个时间通常反馈的是 DNS（域名系统）解析查找的时间。
- 页面完全加载耗时指的是下载整个页面的总时间，一般情况下指浏览器对一个 URL（统一资源定位符，是对可以从互联网上得到的资源的位置和访问方法的一种简洁的表示，是互联网上标准资源的地址）发起请求到把这个 URL 上的所需文档下载下来的时间。这个数据主要受到网络环境、文档大小的影响。
- SSL 连接耗时反馈的是数据安全性、完整性建立耗时。
- TCP 连接耗时指的是建立连接过程的耗时，TCP 协议主要工作于传输层，是一种比 UDP 更为安全的传输协议。

提示

这里的安全主要指数据完整性的安全，原因主要是，TCP 连接在发送每个数据包时，都会协商发送和接收的数据量，以及接收确认，并且会在接收完毕后撤销本次连接。

以上指标就是我们要收集的全部性能数据，在收集之前，我们一方面是要知道这些数据如何收集，另一方面是要清楚它们的含义。

那么，我们如何用代码来获取它们并且上报到数据收集系统？具体代码如代码清单 3-3 所示。

代码清单 3-3　性能相关数据的收集代码

```
window.onload = () => {
  // 检查是否监控性能指标
  const isPerformanceFlagOn = _.get(
    commonConfig,
    ['record', 'performance'],
    _.get(DEFAULT_CONFIG, ['record', 'performance'])
  )
  const isOldPerformanceFlagOn = _.get(commonConfig, ['performance'], false)
  const needRecordPerformance = isPerformanceFlagOn || isOldPerformanceFlagOn
  if (needRecordPerformance === false) {
    debugLogger('config.record.performance值为false, 跳过性能指标打点')
    return
  }

  const performance = window.performance
  if (!performance) {
    // 当前浏览器不支持
    console.log('你的浏览器不支持 performance 接口')
    return
  }
  const times = performance.timing.toJSON()

  debugLogger('发送页面性能指标数据, 上报内容 => ', {
    ...times,
    url: `${window.location.host}${window.location.pathname}`
  })

  log('perf', 20001, {
    ...times,
    url: `${window.location.host}${window.location.pathname}`
  })
}
```

> **提示**
>
> 对象中的扩展运算符（...）用于取出参数对象中的所有可遍历属性，并复制到当前对象之中。之所以不用 for in 是因为这种方式可能会获取到不想要的值（即不想获取到的 method 和 name）。

上面最关键的代码是 const times = performance.timing.toJSON() 这部分，它实现的功能是将数据原样上报，如果在上报阶段加上解析功能，可能会在 API 更改部分字段 key 的时候得不到兼容。由于 SDK 发版、升级比较困难，因此解析部分可尽量快速迭代在系统内。

3.1.3 环境相关数据

我们在平时追查问题的时候，除了报错信息，肯定也想了解一下问题到底出现在什么设备上，操作的用户是谁，他具有何种权限，他当前所使用的客户端版本是多少。

其实这部分数据主要是辅助我们分析问题，了解用户的。这部分数据一般会加入公共数据部分。

所谓公共数据，就是指任何一条需要上报的数据（性能、报错）都会有的环境数据，用以描述错误产生时候的用户状态。那么公共数据具体应该包含哪些呢？

- pid：projectId 的缩写，用以描述接入产品的具体编号，因为平台本身可能会接入很多需求方，pid 方便我们以某个产品维度为基准进行查询。
- uid：userId 的缩写，基本所有互联网产品用户都存在这个标识，在平时的业务开发中，用户的某些操作的结果集是要以用户的 uid 为查询参数对数据进行存储的。在监控平台中，这个数据主要用于错误本身的去重，以及方便跟踪错误相关的用户数据。
- sid：sessionId 的缩写，它主要是记录用户当次登录的所有操作。其实就是服务器端在浏览器 cookie 中种下的一个唯一标识。之所以记录上报它，是因为在大部分 sessionId 日志中可以查看到当次用户登录的所有操作。
- version：这部分主要是为了帮助业务方记录上线过的版本中各个版本的使用量情况，以及问题可能出现在哪个版本。
- ua：userAgent 的缩写，是浏览器默认获取相关 IP、浏览器型号、操作系统版本等通用环境信息的数据。
- 开关类数据：比如，是否采集错误数据、是否采集性能数据、数据是否为测试数据，测试数据会上传到日志服务器，但是不会入库（主要是为了检测从收集到上报的链路）。

下面我们看一下这些公共参数是如何在代码中体现的，如代码清单 3-4 所示。

代码清单3-4　SDK错误设置

```
// 默认配置
const DEFAULT_CONFIG = {
  pid: '', // [必填]项目id，由Fee项目组统一分配
  uid: '', // [必填]设备唯一id，用于计算uv数和设备分布。一般在cookie中可以取到，没有uid可用设备mac/idfa/imei替代。或者在storage的key中存入随机数字，模拟设备唯一id。
  sid: '', // [可选]用户sessionId，用于在发生异常时追踪用户信息，一般在cookie中可以取到，在非登录情况下可传空字符串
  is_test: false, // 是否为测试数据，默认为false(测试模式下打点数据仅供浏览，不会展示在系统中)
  record: {
    time_on_page: true, // 是否监控用户在线时长数据，默认为true
    performance: true, // 是否监控页面载入性能，默认为true
    js_error: true, //  是否监控页面报错信息，默认为true
    // 配置需要监控的页面报错类别，仅在js_error为true时生效，默认均为true(可以将配置改为false，以屏蔽不需要上报的错误类别)
    js_error_report_config: {
      ERROR_RUNTIME: true, // JavaScript运行时报错
      ERROR_SCRIPT: true, // JavaScript资源加载失败
      ERROR_STYLE: true, // CSS资源加载失败
      ERROR_IMAGE: true, // 图片资源加载失败
      ERROR_AUDIO: true, // 音频资源加载失败
      ERROR_VIDEO: true, // 视频资源加载失败
      ERROR_CONSOLE: true, // Vue运行时报错
      ERROR_TRY_CATCH: true, // 未抓取错误
      // 自定义检测函数，判断是否需要报告该错误
      checkErrrorNeedReport: (desc = '', stack = '') => {
        return true
      }
    }
  },

  // 业务方的JavaScript版本号，会随着打点数据一起上传，方便区分数据来源
  // 可以不填，默认为1.0.0
  version: '1.0.0'
```

现在所有关于被动收集数据的介绍基本都已经结束，下面我们说明一下手动上报数据要如何进行上报，以及上报什么样的数据。

3.2 手动上报数据

通常情况下，自动上报数据只能解决通用代码层面错误的问题，不能解决逻辑错误的问题，因为逻辑错误对于计算机来说并不是错误。在这种情况下，我们就需要人工甄别出什么样的错误是逻辑错误，然后制定出规则，在规则不匹配的情况下手动触发数据上报。

举例说明。从前端到后端有一个接口请求，接口正常返回数据，并且接口返回的数据结构是完全正确的，但却是另外一个用户的数据。这时因为数据可以正常解析，自动错误收集不会捕获到错误，所以我们需要分两步处理这类问题，第一步对比返回数据的 uid 和当前登录用户的 uid 判断出这个数据是否是正确的，第二步，如果不正确，那么我们需要 SDK 提供一种手动上报数据的能力，这也就是本节要做的事。

手动上报数据适合用户行为收集、自定义错误收集等场景。具体实现的方法是只需要把手动上报数据的方法暴露给外部即可，当然也可以做适当地封装，方便具体业务研发人员使用。

> **提示**
>
> 封装通常情况下是在类或者单独方法不能满足复杂需求的时候，通过组合、继承等方式进行二次开发，从而生产出满足更加个性化需求的类或者方法。

手动上报数据 log 的方法如代码清单 3-5 所示。

代码清单 3-5　手动上报数据 log 的方法

```
const log = (type = '', code, detail = {}, extra = {}) => {
  const errorMsg = validLog(type, code, detail, extra)
  if (errorMsg) {
    clog(errorMsg)
    return errorMsg
  }

  // 调用自定义函数，计算 pageType
  let getPageTypeFunc = _.get(
    commonConfig,
    ['getPageType'],
    _.get(DEFAULT_CONFIG, ['getPageType'])
  )
  let location = window.location
```

```
  let pageType = location.href
  try {
    pageType = '' + getPageTypeFunc(location)
  } catch (e) {
    debugLogger(`config.getPageType执行时发生异常，请注意，错误信息=>`, { e,
location })
    pageType = `${location.host}${location.pathname}`
  }

  const logInfo = {
    type,
    code,
    detail: detailAdapter(code, detail),
    extra: extra,
    common: {
      ...commonConfig,
      timestamp: Date.now(),
      runtime_version: commonConfig.version,
      sdk_version: config.version,
      page_type: pageType
    }
  }

}
```

上面这部分就是自动打点时使用的 log 函数，其实我们传入对应的 type、code、detail 参数，直接使用它就可以了。但是，为了方便开发者使用 log 函数，根据上面的自定义上报数据的分类形成了 3 个新的函数。

代码清单 3-6 中的代码把 log 函数的第一个参数固定之后，生成了 3 个新的函数，即 Elog、Plog、Ilog，分别对应的是错误数据上报、产品数据上报（或称为行为数据）、普通信息上报。这样在本节开始部分提出的手动上报数据给日志服务器的问题就得到了解决。

代码清单 3-6　上报数据函数抽象

```
export const Elog = log.error = (code, detail, extra) => {
  return log('error', code, detail, extra)
}
export const Plog = log.product = (code, detail, extra) => {
  return log('product', code, detail, extra)
}
export const Ilog = log.info = (code, detail, extra) => {
  return log('info', code, detail, extra)
}}
```

3.2.1 用户行为数据

用户行为数据的种类很多，我们只拿其中一个行为来举例。一般情况下，研发工程师和产品经理都想知道用户的平均在线时长。研发工程师想要获取这个信息的原因是想找到自己做的事情的成就感，产品经理关心的是用户模型以便思考下一步如何规划产品。那么平均在线时长如何计算呢？我们的计算方法是：把每次用户点击与下一次点击之间的时间做累加。具体代码如代码清单3-7所示。

代码清单3-7　获取用户平均在线时长

```
var OFFLINE_MILL = 15 * 60 * 1000; // 15分钟不操作则认为不在线

var SEND_MILL = 5 * 1000; // 每5s打点一次

var lastTime = Date.now();
window.addEventListener('click', function () {
  // 检查是否监控用户在线时长
  var isTimeOnPageFlagOn = _.get(commonConfig, ['record', 'time_on_page']), _.get
(DEFAULT_CONFIG, ['record', 'time_on_page']));

  var isOldTimeOnPageFlagOn = _.get(commonConfig, ['online'], false);

  var needRecordTimeOnPage = isTimeOnPageFlagOn || isOldTimeOnPageFlagOn;

  if (needRecordTimeOnPage === false) {
    debugLogger("config.record.time_on_page\u503C\u4E3Afalse, \u8DF3\u8FC7\u505C\u7559\u65F6\u957F\u6253\u70B9");
    return;
  }

  var now = Date.now();
  var duration = now - lastTime;

  if (duration > OFFLINE_MILL) {
    lastTime = Date.now();
  } else if (duration > SEND_MILL) {
    lastTime = Date.now();
    debugLogger('发送用户留存时间埋点，埋点内容 => ', {
      duration_ms: duration
    }); // 用户在线时长

    log.product(10001, {
      duration_ms: duration
    });
  }
}, false);
```

代码清单 3-7 中的前两行代码中 OFFLINE_MILL 用来设置在线时长的超时时间，也就是用户多长时间不操作我们就认为用户下线了，SEND_MILL 用来设置累加打点的间隔。

3.2.2 流程错误数据

流程错误数据是记录用户按照特定流程操作的数据集合，因为业务流程的多样性，所以不能使用自动上报数据的方案，只能使用手动上报数据，利用的其实是代码清单 3-5 中的手动上报的 log 方法。详见代码清单 3-8，代码中的 error 是一个变量，表示初始化失败的具体错误名称，pkg.version 表示当前出现登录问题的版本，这就是一个短信登录错误的数据上报，二维码登录展示错误、手动滑块登录错误都可以使用类似的方法进行数据上报。

代码清单 3-8　短信登录错误

```
Log('登录异常_短信', '',
{
    errMsg: `sdk初始化失败 ${error}`,
    exVersion: `${pkg.version}}`
})
```

提示

代码清单 3-8 中第一次出现了反引号（`），因为在 JavaScript 输出语句中，单引单里的任何字符都会原样输出，所以单引号字符串中的变量是无效的。如果需要在输出字符串中输出变量，需要以 $（变量名）这样形式输出，本书中任何出现反引号标记的字符串均包含变量输出。

3.3　上报数据的形式

现在我们所获取的数据基本已经完备，剩下的就是如何把这些数据"告诉"数据服务器。其实统计上报的方式仅一个接口请求就够了，但 Fee 还是决定用 1 像素 ×1 像素的 GIF 图进行数据上报，不只是因为目前主流的前端监控（百度统计、友盟、谷歌统计等）上报数据的方式用的是 GIF，还因为 GIF 拥有更好的上传数据特性。下面我们来一起分析一下为什么使用 GIF 上报数据。通常情况下上报数据有以下两种方法。

（1）直接请求方式主要是以 GET/HEAD/POST 请求方式把数据传输到服务器。

（2）使用加载资源的方式（JavaScript/CSS/图片）把需要上报的数据传输到服务器。

使用加载资源的方式上传数据比使用直接请求方式上传数据具有更好的跨域支持（跨域问题源于浏览器的同源策略），因为数据接收服务器和业务后端服务器很有可能是不同的域名，如果两个服务分属不是同域名，直接请求的数据上报方式一定会产生请求跨域问题。如果上报数据的时候出现跨域问题，那么上报的数据被浏览器拦截的概率极大，故排除直接请求的数据上报方式。

提示

同源策略（Sameoriginpolicy）是一种约定，它是浏览器最核心也是最基本的安全功能，如果缺少了同源策略，浏览器的正常功能可能都会受到影响。可以说 Web 是构建在同源策略基础之上的，浏览器只是针对同源策略的一种实现。同源策略会阻止一个域的 JavaScript 脚本和另外一个域的内容进行交互。所谓同源（即指在同一个域）就是两个页面具有相同的协议（protocol）、主机（host）和端口号（port）。违反浏览器同源策略限制所产生的问题就是跨域问题。

就第二种方法而言，也就是使用加载资源的方式（图片方式单独介绍）上报数据，这种方式确实可以帮我们上报数据，但是浏览器在解析这类资源（JavaScript/CSS 资源）的时候会阻塞页面的渲染，当 JavaScript 资源中包含动态绘制页面的相关功能时，性能损耗尤为严重。因此我们只能使用图片来作为数据上报的方案（主要是因为图片上报数据的方式不存在跨域问题，而且图片上报数据的方式也不会阻塞页面渲染）。

下一步就是如何构造图片上报数据请求，只要在 JavaScript 中创建 Image 对象就可以发起请求，并且不会出现阻塞问题，尤其在 JavaScript 无法运行的浏览器环境中也能通过 img 标签正常打点，这是其他类型上报数据的方式（请求方式上报等）无法比拟的。

通过构造图片请求方式上报数据的这种方法需要考虑一个问题——选择什么格式的图片，只能选择透明图片，因为透明图片不会影响页面的展示效果，而且透明图片仅仅使用透明色即可，不用存储色彩空间数据，能够大大缩小体积。

接下来需要确定图片的选择标准：体积小、支持透明。然后我们需要考虑的就是在几个图片类型中选取一个作为数据上报的媒介，考虑到透明的问题，JPG图片格式直接被我们排除了。

常用图片中还剩下 BMP（BMP32 格式可以支持透明色）、PNG 和 GIF 这 3 种常用的数据格式，下面让我们对比一下 BMP、PNG 和 GIF 这 3 种常用图片结构的大小为 1 像素时，这 3 种图片结构的具体说明，分别见表 3-2、表 3-3 和表 3-4。

表 3-2　BMP 图片结构

结构体名称	备注	是否为必需	体积（字节）
位图文件头	存储位图文件通用信息	是	14
DIB 头	详细信息及像素格式	是	40
附加位掩码	定义像素格式	否	12 或 16
像素数组	实际的像素值	是	8

表 3-3　PNG 图片结构

结构体名称	备注	是否为必需	体积（字节）
IHDR	文件头数据块	是	8
PLTE	调色板数据块	是	25
IDAT	图像数据块	是	22
IEND	图像结束数据	是	12

表 3-4　GIF 图片结构

结构体名称	备注	是否为必需	体积（字节）
Header	GIF 文件头	$	6
LogicalScreen Descriptor	逻辑屏幕描述块	是	7
Global Color Table	全局色彩表	是	6
Image Descriptor	图形表述块	是	10
Local Base Image Data	压缩图像数据	是	5
GIF Trailer	图像数据使用的颜色	是	1
GraphicControl Extension	图像控制拓展块	是	8

综上所述，一个最小的请求数据，BMP 结构的文件需要 74 字节，PNG 结

的文件需要 67 字节，GIF 结构的文件只需要 43 字节。同样的响应，GIF 可以比 BMP 节约 41% 的流量，比 PNG 节约 35% 的流量。因此 GIF 是我们的不二之选。

那么剩下的我们只需要把动态创建图片的功能加入代码中就可以实现 SDK 了，具体代码如代码清单 3-9 所示。

代码清单3-9　加入图片上报数据

```
const log = (type = '', code, detail = {}, extra = {}) => {
  const errorMsg = validLog(type, code, detail, extra)
  if (errorMsg) {
    clog(errorMsg)
    return errorMsg
  }

  // 调用自定义函数，计算pageType
  let getPageTypeFunc = _.get(
    commonConfig,
    ['getPageType'],
    _.get(DEFAULT_CONFIG, ['getPageType'])
  )
  let location = window.location
  let pageType = location.href
  try {
    pageType = '' + getPageTypeFunc(location)
  } catch (e) {
    debugLogger(`config.getPageType执行时发生异常，请注意，错误信息=>`, { e, location })
    pageType = `${location.host}${location.pathname}`
  }

  const logInfo = {
    type,
    code,
    detail: detailAdapter(code, detail),
    extra: extra,
    common: {
      ...commonConfig,
      timestamp: Date.now(),
      runtime_version: commonConfig.version,
      sdk_version: config.version,
      page_type: pageType
    }
  }
  // 动态创建图片进行数据上报
  var img = new window.Image();
  img.src ="".concat(feeTarget,"?d=").concat(encodeURIComponent(JSON.stringify(logInfo)));
}
```

代码清单 3-9 中 feeTarget 是日志目标服务器,"d=" 参数之后是我们需要传递的数据。接下来利用 SDK 发送一条日志给服务器。还记得代码清单 3-2 中的那段代码吗?我们实际上是在 onload 阶段开始收集性能的指标数据(前提是性能上报数据的配置是开启状态),具体配置参数的填写如代码清单 3-10 所示。

代码清单 3-10　上报数据配置初始化

```
// 初始SDK配置数据
window.dt.set({
  pid: 'fee', //  工程id
  // [必填]用户ucid, 没有可传空字符串。用于发生异常时追踪用户信息/计算系统用户数
  // 一般在cookie中可以取到(lianjia_uuid)
  ucid: Cookies.get('ucid'),
  // [可选]是否为测试数据, 默认为false(测试模式下打点数据仅供浏览, 不会展示在系统中)
  is_test: false,
  // [可选]业务方的js版本号, 默认为1.0.0, 随着打点数据一起上传, 方便区分数据来源
  version: '1.0.0'
})
```

首先我们引入 SDK,紧接着在我们初始化完 SDK 后,访问一下被嵌入的页面,在浏览器中就会看到一个 GIF 图片的请求,如图 3-11 所示,这个图片请求就是我们上报数据的请求,图片 fee.gif?后面跟着许多我们需要上报的数据参数,至于如何查看服务器日志,以及日志的具体位置到底在哪里,在第 4 章中会详细解释。

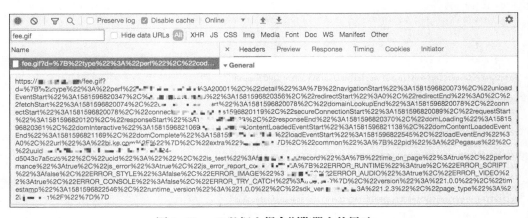

图 3-11　gif 数据上报在浏览器上的展示

至此,数据收集上报的工作就已经做完了,第 4 章将开始介绍监控平台的整体设计,以及各个模块的具体功能。

3.4 小结

本章从 SDK 的角度详细介绍了监控平台在客户端应该上传的数据的类型，以及关于 SDK 具体实现的代码。其中，数据类型包括错误类型数据、性能相关数据、环境相关数据、用户行为数据以及流程错误数据。有了数据之后，又详细介绍了几种上报数据的方法及这些方法的优劣。

第 4 章

总体设计

一个好的系统离不开简洁易懂的设计。本章主要介绍平台所需的各个模块具体实现的功能,以及为什么要这样设计,还会针对开发流程做一个准确的关于开发顺序的梳理。

4.1 业务系统的整体架构

图 4-1 是某软件服务公司业务系统的整体架构图,展示了目前监控平台在整

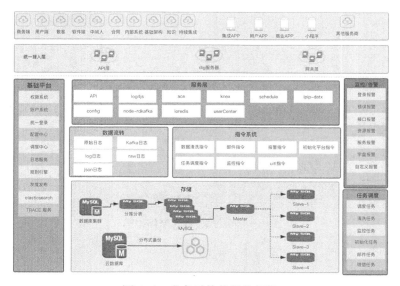

图 4-1 业务系统的整体架构

体业务系统中所处的位置，由此我们也就粗略地知道了监控平台到底工作在一个什么样的环境中。监控系统对外通过 3 个服务器建立的通道连接所有的外部站点和手机应用，对内通过权限系统、报警系统、调度中心、任务系统等将整个数据体系打造完善。

大多数软件服务公司有统一接入层，统一接入层用来处理承上启下的问题。承上指的是连接具体业务前台展示，如手机 App、小程序、PC 网站等；启下指的是连接业务后台服务，如数据库连接、权限系统服务、指令系统、任务调度等。

前端监控平台所处的位置是在统一接入层下面的服务层，前端监控平台的权限通常依赖业务基础平台的权限系统、账户系统等。

4.2 监控平台的整体架构

图 4-2 展示了监控平台的整体架构。我们先看一下监控平台都有哪些模块。

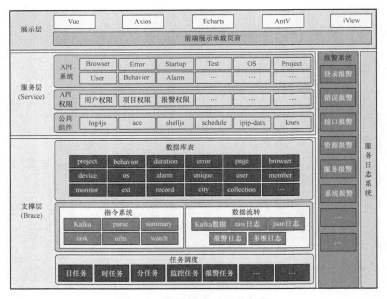

图 4-2 监控平台的整体架构

监控平台自上而下划分了 3 个大的模块。

- 展示层：只有较少的逻辑存在，而且逻辑均为处理展示数据逻辑，在职责划分上这部分数据属于前端工程师的工作范畴。在前端监控平台中，这部分功能是把前端监控平台的界面在浏览器展示出来，主要涉及的技术为 Vue、Axios、Echarts、iView 等前端技术。在前端监控平台中研发工程师看到的错误堆叠图、URL 报错、性能折线图等都是数据展示层的功能。
- 服务层：负责相关逻辑的处理，包括但不限于数据的查询，以及数据的聚合、拆分、变换。服务层还负责维护数据权限，以及给前端展示提供接口数据。开发服务层所需技术主要有服务器配置（Apache/Nginx/Node.js）、数据的增删改查（MySQL/Redis）以及对大数据的处理（分库分表或直接使用 ElasticSearch），主要开发语言为 Java、PHP、Python、Lua、JavaScript 等。在本系统中，主要使用 Node.js 提供后端服务，服务层分为如下 3 层。
    - API 系统层：负责提供 Error（错误接口）、Browser（浏览器分布接口）、OS（操作系统分布接口）等 API 接口层面的实现。
    - API 权限层：负责提供所有接口在请求数据前的权限判断，包括用户权限、项目权限、报警权限等。
    - 公共组件层：主要是在系统开发过程中使用到的基础插件，比如 log4js（Node.js 日志处理插件）、ace（Node.js 指令处理插件）、knex（Node.js 数据库连接插件）、schedule（Node.js 定时任务插件）等。
- 支撑层：在其他部分系统中也可叫作数据层，在本系统中主要负责数据的日志处理，数据清洗、存储、加工、报警，任务调度的相互协调等。这部分工作在本系统中由后端工程师负责。

我们平时业务的开发流程包括获取数据、处理数据和展示数据这 3 部分。对于架构类项目，也就是对于图 4-2 来说，开发的顺序是支撑层、服务层和展示层，但总体来说是一致的。

为什么要选择这样的开发顺序呢？因为数据是所有监控系统的生命线，也是最基础的功能，通常情况下，支撑层在开发完成之后几乎不会有什么变动。因此，为了减少开发成本，我们把最不容易出现变动的模块放在最开始开发。

服务层可以清洗、聚合出各种各样的数据给展示层使用，服务层相较于支撑层变动要大一些，因为服务层清洗、聚合的数据种类直接受到具体功能影响，但是相较于展示层变化又小一些，因为通常展示形式的切换很少会影响到服务层的改动，因此把服务层放在第二开发位置，而展示层更贴近用户，主要是把聚合完的数据展示给用户，但是这部分往往变化最为频繁，例如，今天要在电脑浏览器上看数据，明天要在手机客户端上看数据，后天要在电脑客户端上看数据，通常情况下，我们对于数据的展示形式有较多争议，但是对于展示数据有哪些，则争议较少，所以我们把展示层放在最后。

4.3　小结

本章围绕整体业务系统架构图、监控平台结构设计图对平台的总体设计做了详细的梳理，其中数据流通过权限、报警、任务等系统流动，功能模块包含了支撑层、服务层、展示层。

本章在本书中起了承上启下的作用，承接第 3 章所讲的架构设计中关于 SDK 模块的设计，同时又提出了接下来要讲的关于支撑层、服务层和展示层的实现。

接下来我们将正式进入平台代码的编码阶段。第 5 章主要介绍的是支撑层的功能实现，第 6 章主要介绍服务层的功能实现，第 7 章主要介绍展示层的功能实现。

第 5 章

数据处理

在第 3 章中，我们已经实现了监控数据的收集、上报功能，本章主要介绍监控平台是如何处理这些数据的，以及各个数据处理模块是如何组合的。

5.1 服务器日志

首先我们先介绍一下整个数据的处理逻辑是什么。如图 5-1 所示，我们的数据入口是用户访问的服务层，然后通过日志收集层、消费层，最后到清洗层完成数据的流转。5.1 节中我们先介绍服务层、日志收集层的数据是如何产生和流转的。5.3 节将会介绍消费层、清洗层的实现。

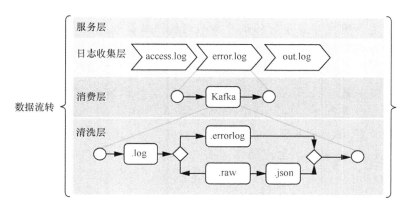

图 5-1　日志处理数据流程

上报的数据在进入服务器时，如图 5-1 所示，会在服务器上留下访问日志，以 Nginx 服务器为例，我们可以通过 request.getHeader("referer") 获取这个请求的 referer 信息，也可以从 access.log 中获取原始访问日志，可以从 error.log 中获取错误类型日志，可以从 out.log 中获取控制台的输出类型日志。那么这 3 个日志文件在 Nginx 服务器文件系统的哪里能找到？打开 Nginx 的配置文件 conf/nginx.conf 文件，见代码清单 5-1。

代码清单5-1　原始SDK数据上报

```
1   default_type    application/octet-stream;
2   #log_format  main  '$remote_addr - $remote_user [$time_
local] "$request" '
3   #                  '$status $body_bytes_sent "$http_referer" '
4   #                  '"$http_user_agent" "$http_x_forwarded_for"';
5   access_log  logs/access.log  main;
6   sendfile         on;
7   #tcp_nopush      on;
8   #keepalive_timeout  0;
9   keepalive_timeout  65;
10  #gzip  on;
11  server {
12  listen       80;
13  server_name  localhost;
14  #charset koi8-r;
15  #access_log  logs/host.access.log  main;
16  };
```

提示

　　代码清单 5-1 出现了单引号嵌套双引号的情况，在这种情况下，最外层的单引号会被判定为输出字符串的标识符，而内层的双引号会被判定为字符串中的内容原样输出。

　　第 5 行代码就是 access.log 的配置地址，每次访问 Nginx 服务器，Nginx 都会把访问的日志写入这个 access.log 文件（access.log、error.log、out.log 配置方式基本一致，就只介绍 access.log 日志的配置、查找方法）。这个路径是相对于 Nginx 服务器的安装目录的地址，也就是你需要在 Nginx 服务器磁盘地址 /logs/access.log 中找到这部分日志。将这些日志集中收集起来，它们就是前端监控平台的数据来源。

　　接下来我们通过 SDK 上报一个性能数据，具体数据如代码清单 5-2 所示。

代码清单5-2　原始SDK数据上报（转码前）

```
https%3A%2F%2Ffee.test.com%2Ffee.gif%3Fd%3D%7B%22type%22%3A%22perf%22%2C%22co
de%22%3A20001%2C%22detail%22%3A%7B%22navigationStart%22%3A1550739289058%2C%22
unloadEventStart%22%3A0%2C%22unloadEventEnd%22%3A0%2C%22redirectStart%22%3A0%
2C%22redirectEnd%22%3A0%2C%22fetchStart%22%3A1550739289073%2C%22domainLookupS
tart%22%3A1550739289078%2C%22domainLookupEnd%22%3A1550739289083%2C%22connectS
tart%22%3A1550739289083%2C%22connectEnd%22%3A1550739289109%2C%22secureConnect
ionStart%22%3A1550739289088%2C%22requestStart%22%3A1550739289110%2C%22respons
eStart%22%3A1550739289678%2C%22responseEnd%22%3A1550739289680%2C%22domLoading
%22%3A1550739289699%2C%22domInteractive%22%3A1550739290176%2C%22domContentLoa
dedEventStart%22%3A1550739290176%2C%22domContentLoadedEventEnd%22%3A155073929
0180%2C%22domComplete%22%3A1550739290348%2C%22loadEventStart%22%3A15507392903
48%2C%22loadEventEnd%22%3A0%2C%22url%22%3A%22m.test.com%2Fbj%2F%22%7D%2C%22ex
tra%22%3A%7B%7D%2C%22common%22%3A%7B%22pid%22%3A%22test%22%2C%22uuid%22%3A%2
243f60949-db2d-4d68-a68d-5079b1aee41f%22%2C%22ucid%22%3A%22%22%2C%22is_test%
22%3Afalse%2C%22record%22%3A%7B%22time_on_page%22%3Atrue%2C%22performance%22
%3Atrue%2C%22js_error%22%3Atrue%2C%22js_error_report_config%22%3A%7B%22ERROR_
RUNTIME%22%3Atrue%2C%22ERROR_SCRIPT%22%3Atrue%2C%22ERROR_STYLE%
22%3Atrue%2C%22ERROR_IMAGE%22%3Atrue%2C%22ERROR_AUDIO%22%3Atrue%2C%22ERROR_
VIDEO%22%3Atrue%2C%22ERROR_CONSOLE%22%3Afalse%2C%22ERROR_TRY_CATCH%22%3Atrue%
7D%7D%2C%22version%22%3A%221.
```

代码清单 5-2 中给出的是转码前的数据，下面我们再来看一下转码之后的数据，如代码清单 5-3 所示。

代码清单5-3　原始SDK数据上报（转码后）

```
https://fee.test.com/fee.gif?d={"type":"perf","code":20001,"detail":{"navig
ationStart":1550739289058,"unloadEventStart":0,"unloadEventEnd":0,"redirec
tStart":0,"redirectEnd":0,"fetchStart":1550739289073,"domainLookupStart":1
550739289078,"domainLookupEnd":1550739289083,"connectStart":1550739289083,"
connectEnd":1550739289109,"secureConnectionStart":1550739289088,"requestSt
art":1550739289110,"responseStart":1550739289678,"responseEnd":15507392896
80,"domLoading":1550739289699,"domInteractive":1550739290176,"domContentLo
adedEventStart":1550739290176,"domContentLoadedEventEnd":1550739290180,"do
mComplete":1550739290348,"loadEventStart":1550739290348,"loadEventEnd":0,"
url":"m.test.com/bj/"},"extra":{},"common":{"pid":"test","uuid":"43f60949-
db2d-4d68-a68d-5079b1aee41f","ucid":"","is_test":false,"record":{"time_
on_page":true,"performance":true,"js_error":true,"js_error_report_
config":{"ERROR_RUNTIME":true,"ERROR_SCRIPT":true,"ERROR_STYLE":true,"ERROR_
IMAGE":true,"ERROR_AUDIO":true,"ERROR_VIDEO":true,"ERROR_CONSOLE":
false,"ERROR_TRY_CATCH":true}},"version":"1.0.0","timestamp":1550739290349,
"runtime_version":"1.0.0","sdk_version":"1.0.40","page_type":"m.test.com/bj/"}}
```

我们从上面的数据中看到了很多信息，有 SDK 上报的性能数据，如 domainLookupStart、redirectStart、navigationStart，还有一些项目的基础数据，如

pid（项目 id）、type（错误类型）、code（错误编码）。这些数据是我们通过 URL 访问的方式，也可以理解为在 URL 地址栏中输入这部分地址，或者按照介绍 SDK 章节（也就是第 3 章）中所包装的方法，通过一个 img 标签的图片地址的加载方式来进行数据上报。

当然这些数据还远远不够，我们还需要获取当时用户环境的相关数据。这些数据的来源就是 Nginx 的访问日志文件 access.log，数据内容如代码清单 5-4 所示。

代码清单 5-4　原始 access.log 数据

```
2019-02-0T00:00:00+08:00    -    - 36.17.47.194 200 0.000 2144 43    GET HTTP/1.1
http://fee.test.com/fee.gif?d={"type":"perf","code":20001,"detail":{"navigat
ionStart":1550592001291,"unloadEventStart":1550592001387,"unloadEventEnd":15
50592001387,"redirectStart":0,"redirectEnd":0,"fetchStart":1550592001291,"d
omainLookupStart":1550592001291,"domainLookupEnd":1550592001291,"connectSta
rt":1550592001291,"connectEnd":1550592001291,"secureConnectionStart":0,"reque
stStart":1550592001293,"responseStart":1550592001293,"responseEnd":1550592001
299,"domLoading":1550592001393,"domInteractive":1550592001549,"domContentLoa
dedEventStart":1550592001549,"domContentLoadedEventEnd":1550592001550,"domCo
mplete":1550592001552,"loadEventStart":1550592001552,"loadEventEnd":0,"url":
"m.test.com/bj/"},"extra":{},"common":{"pid":"platc_mensa","uuid":"2628df37-
a01f-412c-bff2-f444ec64835a","ucid":"","is_test":false,"record":{"time_
on_page":true,"performance":true,"js_error":true,"js_error_report_
config":{"ERROR_RUNTIME":true,"ERROR_SCRIPT":true,"ERROR_STYLE":false,"ERROR_
IMAGE":true,"ERROR_AUDIO":true,"ERROR_VIDEO":true,"ERROR_CONSOLE":
false,"ERROR_TRY_CATCH":true}},"version":"1.0.0","timestamp":1550592001553,"r
untime_version":"1.0.0","sdk_version":"1.0.38","page_type":"m_pages"}}
https://m.test.com/bj/?utm_source=tengxun_fc&utm_medium=fangchan_app&isnm=1
Mozilla/5.0 (Linux; Android 8.0.0; MHA-AL00 Build/HUAWEIMHA-AL00; wv) AppleWebKit/
537.36 (KHTML, like Gecko)Version/4.0 Chrome/68.0.3440.91 Mobile Safari/537.3
6 qqnews/5.7.51 - sample=-&_UC_agent=-&test_device_id=-&-                -
```

提示

　　access.log 数据中涵盖两部分数据，一部分是我们自己想要上报的数据，也就是代码清单 5-3 中添加的数据，另外一部分是客户端访问服务器端所带来的 refer 数据，主要是涵盖用户终端的使用环境的数据。

我们来观察一下多出来的部分数据（如代码清单 5-4 中所示），由这些数据我们可以观察到本次访问服务器的时间、访问者的 IP、请求的大小、协议等，还有用户环境数据，用户使用的是 Android 8.0 系统，硬件设备是华为手机，浏览器版本是 Chrome 68。如果需要更多的信息，可以自己通过浏览器 API 获取，或者通过与原生 App 的交互来获取，通过 SDK 多上报一些自己所需的数据。

5.2 消息系统

在只有一台日志服务器或者日志量本身并不大的情况下是不需要消息系统的，只需要监控 access.log 日志文件的变化，然后将服务器日志 access.log 清洗入库，这也是一个不错的选择。但是，日志服务器可能是多台机器，也有可能日志量本身非常大，在工作中我接触的常规监控日志数量一天大概有数千万甚至数十亿条，日志的大小有上百 GB 甚至数十 TB，这么大的日志量，如果不使用一种规范的方式管理起来，很难保证数据不会丢失，而且单台常规配置服务器也不适合处理这种级别的数据量。另外，如果不想维护备份日志的生产、消费这一套逻辑功能，建议引入 Kafka 来解决这类问题。

首先介绍一下 Kafka 是什么。Kafka 是在多个应用程序之间可靠地传输实时数据的管道。Kafka 的工作流程如图 5-2 所示。

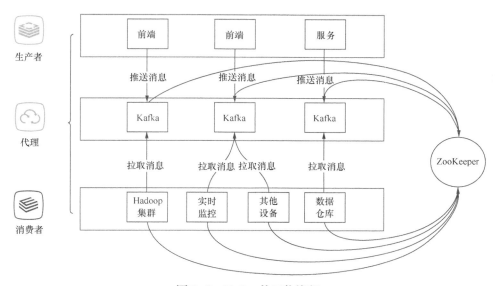

图 5-2 Kafka 的工作流程

如图 5-2 所示，一个典型的 Kafka 集群中包含若干个消息生产者、若干个消息消费者和一个 ZooKeeper 集群。

- 代理（Broker）会临时存储由生产者生产的新的消息，并且形成队列。
- 每条发布到 Kafka 集群的消息都有一个主题（Topic），这个主题也被称为 Topic。消息生产者和消息消费者在初始化的时候需要指定主题，相同主题的生产者的消息只能被相同主题的消费者消费。
- 生产者（Producer）负责生产指定主题的消息。
- 消费者（Consumer）负责消费指定主题的消息。
- 推动消息（Push）主要是通知 Broker 有新消息，并且把消息发送给 Broker。
- 拉取消息（Pull）每隔一段时间会拉取 Broker 上的未被自己消费的新消息。

Kafka 存储的消息来自被称为生产者的进程，数据可以被分配到不同的"分区"（Partition）、不同的主题下。在一个分区内，这些消息被索引并连同时间戳存储在一起。其他被称为消费者的进程可以从分区查询消息。Kafka 运行在一个由一台或多台服务器组成的集群上，并且集群可以跨集群节点分布。关于 Kafka 其实还有很多值得深入研究的技术点，但是我们的监控系统仅仅把它作为一个简单的消息队列系统使用。

我们可以在 Kafka 官网下载到最新的 Kafka 安装包，选择下载二进制版本的 tgz 文件，这里我们选择的版本是 2.11。

Kafka 是使用 Scala 编写的运行于 JVM 上的程序，虽然也可以在 Windows 上使用，但是 Kafka 基本上是运行在类 Unix 服务器上，因此我们这里使用 MacBook 来开始今天的实战（macOS/Linux 都属于类 Unix 系统）。

确保你的机器上已经安装了 jdk，Kafka 需要 Java 运行环境，以前的 Kafka 还需要 ZooKeeper，新版的 Kafka 已经内置了一个 ZooKeeper 环境，所以我们可以直接使用。

如果只需要进行最简单的尝试，解压到任意目录即可，这里我们将 Kafka 压缩包解压到 ~/Library 目录，解压文件如图 5-3 所示。

```
chenchen@chenchendeMacBook-Pro-2:~/Library/kafka_2.11-2.0.0$ls -ln
total 72
-rw-r--r--@   1 501  20  28824  7 24  2018 LICENSE
-rw-r--r--@   1 501  20    336  7 24  2018 NOTICE
drwxr-xr-x@  34 501  20   1088  7  1 21:16 bin
drwxr-xr-x@  16 501  20    512  3 10  2019 config
drwxr-xr-x@  83 501  20   2656  7 24  2018 libs
drwxr-xr-x  559 501  20  17888  3 12  2019 logs
drwxr-xr-x@   3 501  20     96  7 24  2018 site-docs
chenchen@chenchendeMacBook-Pro-2:~/Library/kafka_2.11-2.0.0$
```

图 5-3　Kafka 安装包解压

在 Kafka 解压目录下有一个名为 config 的文件夹，里面放置的是我们的配置文件。打开配置文件，可以看到图 5-4 所示的 Kafka 配置文件。我们只介绍对我们来说比较重要或者需要我们更改的文件。

```
chenchen@chenchendeMacBook-Pro-2:~/Library/kafka_2.11-2.0.0/config$ls
connect-console-sink.properties      connect-log4j.properties          server.properties
connect-console-source.properties    connect-standalone.properties     tools-log4j.properties
connect-distributed.properties       consumer.properties               trogdor.conf
connect-file-sink.properties         log4j.properties                  zookeeper.properties
connect-file-source.properties       producer.properties
chenchen@chenchendeMacBook-Pro-2:~/Library/kafka_2.11-2.0.0/config$
```

图 5-4　Kafka 的主要配置文件

- consumer.properties：消费者配置，这个配置文件用于配置消费者，此处我们使用默认的即可。
- producer.properties：生产者配置，这个配置文件用于配置生产者，此处我们使用默认的即可。
- server.properties：Kafka 服务器的配置，此配置文件用来配置 Kafka 服务器，目前仅介绍几个最基础的配置。
    - broker.id：声明当前 Kafka 服务器在集群中的唯一 ID，需配置为 integer，并且集群中的每一个 Kafka 服务器的 id 都应该是唯一的，此处我们采用默认配置即可。
    - listeners：申明此 Kafka 服务器需要监听的端口号，如果是在本机上运行虚拟机可以不用配置此项，默认会使用 localhost 的地址，如果是在远程服务器上运行则必须配置，如 listeners=PLAINTEXT://192.168.180.128:9092，并确保服务器的 9092 端口能够访问。
    - zookeeper.connect：申明 Kafka 所连接的 ZooKeeper 的地址，需配置为 ZooKeeper 的地址，由于本次使用的是 Kafka 高版本中自带的 ZooKeeper，因此使用默认配置即可。

接下来我们尝试启动一个 ZooKeeper 服务，用来创建管理 Kafka 的消息。

提示

ZooKeeper 是一个开源的分布式协调服务，是谷歌公司基于 Chubby 的一个开源的实现，它是提供一致性服务的软件，在 Kafka 中 ZooKeeper 是用来协调生产者与消费者之间的多个消息传递的，提供的功能包括配置维护、域名服务、分布式同步、组服务等。

启动 ZooKeeper 的指令在刚刚解压出来的 Kafka 安装包中的 bin 文件夹中，有一条叫作 zookeeper-server-start.sh 的指令，如图 5-5 所示。

```
chenchen@chenchendeMacBook-Pro-2:~/Library/kafka_2.11-2.0.0$cd bin/
chenchen@chenchendeMacBook-Pro-2:~/Library/kafka_2.11-2.0.0/bin$ls
connect-distributed.sh            kafka-reassign-partitions.sh
connect-standalone.sh             kafka-replica-verification.sh
kafka-acls.sh                     kafka-run-class.sh
kafka-broker-api-versions.sh      kafka-server-start.sh
kafka-configs.sh                  kafka-server-stop.sh
kafka-console-consumer.sh         kafka-streams-application-reset.sh
kafka-console-producer.sh         kafka-topics.sh
kafka-consumer-groups.sh          kafka-verifiable-consumer.sh
kafka-consumer-perf-test.sh       kafka-verifiable-producer.sh
kafka-delegation-tokens.sh        log.txt
kafka-delete-records.sh           trogdor.sh
kafka-dump-log.sh                 windows
kafka-log-dirs.sh                 zookeeper-security-migration.sh
kafka-mirror-maker.sh             zookeeper-server-start.sh
kafka-preferred-replica-election.sh  zookeeper-server-stop.sh
kafka-producer-perf-test.sh       zookeeper-shell.sh
chenchen@chenchendeMacBook-Pro-2:~/Library/kafka_2.11-2.0.0/bin$
```

图 5-5　ZooKeeper 启动指令文件夹

我们执行 bin/zookeeper-server-start.sh config/zookeeper.properties，就是以 config/zookeeper.properties 文件作为启动配置启动 ZooKeeper。ZooKeeper 的默认启动端口是 2181，如图 5-6 所示。

```
kafka_2.11-2.0.0 — java -Xmx512M -Xms512M -server -XX:+UseG1GC -XX:MaxGCPauseMillis=20 -XX:InitiatingHeapO...
s1jnd1brqzj83w9dr0000gn/T/ (org.apache.zookeeper.server.ZooKeeperServer)
[2019-10-30 20:31:16,979] INFO Server environment:java.compiler=<NA> (org.apache.zookeep
er.server.ZooKeeperServer)
[2019-10-30 20:31:16,979] INFO Server environment:os.name=Mac OS X (org.apache.zookeeper
.server.ZooKeeperServer)
[2019-10-30 20:31:16,979] INFO Server environment:os.arch=x86_64 (org.apache.zookeeper.s
erver.ZooKeeperServer)
[2019-10-30 20:31:16,979] INFO Server environment:os.version=10.13.4 (org.apache.zookeep
er.server.ZooKeeperServer)
[2019-10-30 20:31:16,979] INFO Server environment:user.name=chenchen (org.apache.zookeep
er.server.ZooKeeperServer)
[2019-10-30 20:31:16,979] INFO Server environment:user.home=/Users/chenchen (org.apache.
zookeeper.server.ZooKeeperServer)
[2019-10-30 20:31:16,979] INFO Server environment:user.dir=/Users/chenchen/Library/kafka
_2.11-2.0.0 (org.apache.zookeeper.server.ZooKeeperServer)
[2019-10-30 20:31:16,990] INFO tickTime set to 3000 (org.apache.zookeeper.server.ZooKeep
erServer)
[2019-10-30 20:31:16,990] INFO minSessionTimeout set to -1 (org.apache.zookeeper.server.
ZooKeeperServer)
[2019-10-30 20:31:16,990] INFO maxSessionTimeout set to -1 (org.apache.zookeeper.server.
ZooKeeperServer)
[2019-10-30 20:31:17,005] INFO Using org.apache.zookeeper.server.NIOServerCnxnFactory as
 server connection factory (org.apache.zookeeper.server.ServerCnxnFactory)
[2019-10-30 20:31:17,023] INFO binding to port 0.0.0.0/0.0.0.0:2181 (org.apache.zookeepe
r.server.NIOServerCnxnFactory)
```

图 5-6　ZooKeeper 启动成功

ZooKeeper 成功调度任务之后，我们需要启动 Kafka 服务，启动指令同样在 Kafka 安装目录下的 bin 文件夹中，执行 bin/kafka-server-start.sh config/server.properties，同样是以 config/server.properties 文件作为启动配置启动 Kafka 服务。启

动成功后会看到图 5-7 所示的界面。

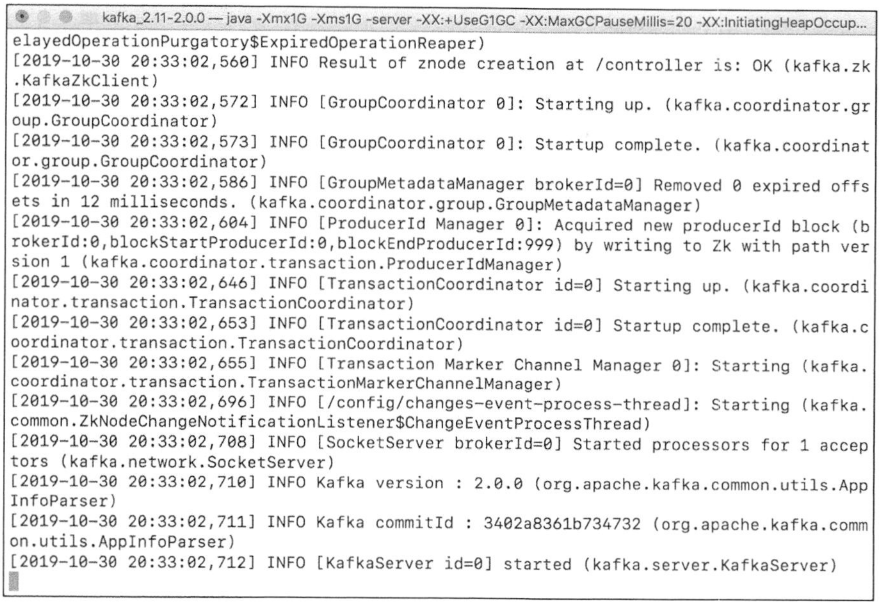

```
kafka_2.11-2.0.0 — java -Xmx1G -Xms1G -server -XX:+UseG1GC -XX:MaxGCPauseMillis=20 -XX:InitiatingHeapOccup...
elayedOperationPurgatory$ExpiredOperationReaper)
[2019-10-30 20:33:02,560] INFO Result of znode creation at /controller is: OK (kafka.zk
.KafkaZkClient)
[2019-10-30 20:33:02,572] INFO [GroupCoordinator 0]: Starting up. (kafka.coordinator.gr
oup.GroupCoordinator)
[2019-10-30 20:33:02,573] INFO [GroupCoordinator 0]: Startup complete. (kafka.coordinat
or.group.GroupCoordinator)
[2019-10-30 20:33:02,586] INFO [GroupMetadataManager brokerId=0] Removed 0 expired offs
ets in 12 milliseconds. (kafka.coordinator.group.GroupMetadataManager)
[2019-10-30 20:33:02,604] INFO [ProducerId Manager 0]: Acquired new producerId block (b
rokerId:0,blockStartProducerId:0,blockEndProducerId:999) by writing to Zk with path ver
sion 1 (kafka.coordinator.transaction.ProducerIdManager)
[2019-10-30 20:33:02,646] INFO [TransactionCoordinator id=0] Starting up. (kafka.coordi
nator.transaction.TransactionCoordinator)
[2019-10-30 20:33:02,653] INFO [TransactionCoordinator id=0] Startup complete. (kafka.c
oordinator.transaction.TransactionCoordinator)
[2019-10-30 20:33:02,655] INFO [Transaction Marker Channel Manager 0]: Starting (kafka.
coordinator.transaction.TransactionMarkerChannelManager)
[2019-10-30 20:33:02,696] INFO [/config/changes-event-process-thread]: Starting (kafka.
common.ZkNodeChangeNotificationListener$ChangeEventProcessThread)
[2019-10-30 20:33:02,708] INFO [SocketServer brokerId=0] Started processors for 1 accep
tors (kafka.network.SocketServer)
[2019-10-30 20:33:02,710] INFO Kafka version : 2.0.0 (org.apache.kafka.common.utils.App
InfoParser)
[2019-10-30 20:33:02,711] INFO Kafka commitId : 3402a8361b734732 (org.apache.kafka.comm
on.utils.AppInfoParser)
[2019-10-30 20:33:02,712] INFO [KafkaServer id=0] started (kafka.server.KafkaServer)
```

图 5-7 Kafka 启动成功

现在整个 Kafka 服务都已经启动成功。我们接下来就要创建消费者和生产者都要使用的主题，主题可以理解为观察者模式中的特定频道或通道。在成功创建主题之后，所有消息的生产和消费都要通过这个主题来进行交换数据。我们来创建一个叫作"performanceTest"的主题。在命令行中输入代码清单 5-5 所示的内容。

代码清单 5-5 创建主题

```
bin/kafka-topics.sh --create --zookeeper localhost:2181
--replication-factor 1 --partitions 1 --topic performanceTest
```

执行代码清单 5-5 之后，可以在命令行上看到图 5-8 所示的界面。

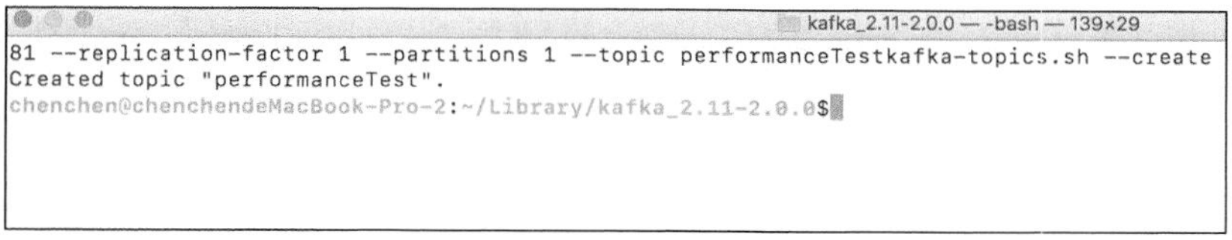

```
kafka_2.11-2.0.0 — -bash — 139×29
81 --replication-factor 1 --partitions 1 --topic performanceTestkafka-topics.sh --create
Created topic "performanceTest".
chenchen@chenchendeMacBook-Pro-2:~/Library/kafka_2.11-2.0.0$
```

图 5-8 创建"performanceTest"主题

那么如何验证主题是否创建成功了呢？其实我们可以再执行一遍代码清单 5-5，就会看到图 5-9 所示的界面，命令行中显示 Topic 'performanceTest' already exists，表示"performanceTest"已经存在。

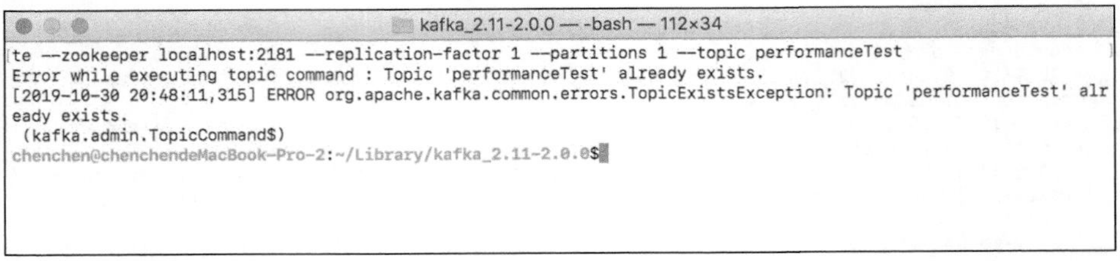

图 5-9 "performanceTest"已经存在

还有另一种方法可以查看"performanceTest"主题是否创建成功，即使用 list 指令查看当前 ZooKeeper 任务下的所有主题，执行 bin/kafka-topics.sh --list --zookeeper localhost:2181 后，可以在图 5-10 所示的界面看到刚刚创建的主题。

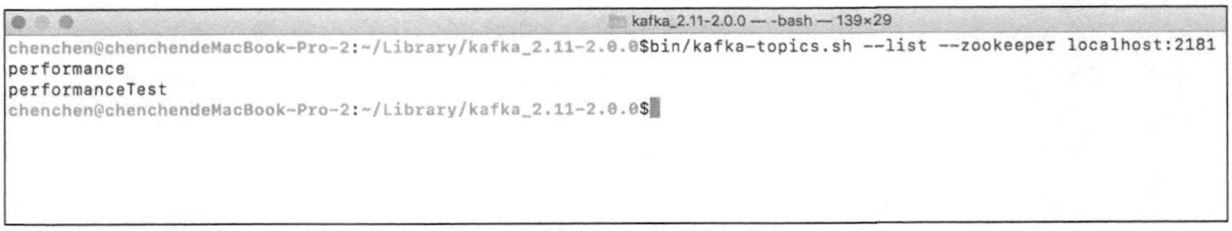

图 5-10 Topic 列表

主题"performanceTest"已经创建成功，接下来我们可以创建消息的输入端和输出端，也就是生产者和消费者。首先我们要创建消费者，还记得在代码清单 5-5 中创建的名为"performanceTest"的主题吧？接下来执行代码清单 5-6 所示的代码，先建立起接收端的消息通道。

代码清单 5-6　创建消费者

```
/* 创建消费者 */
bin/kafka-console-consumer.sh --bootstrap-server localhost:9092
--topic performanceTest --from-beginning
```

然后创建生产消息的生产者，执行代码清单 5-7 所示的代码。

代码清单 5-7　创建生产者

```
/* 创建生产者 */
bin/kafka-console-producer.sh --broker-list localhost:9092
--topic performanceTest
```

执行代码清单 5-6、代码清单 5-7 之后，我们把之前从服务器中获取的 log 输入到生产者中就可以看到图 5-11 中的内容了，从生产者输入的数据，在消费者展示了出来（图 5-11 中，上图为消费者，下图为生产者）。

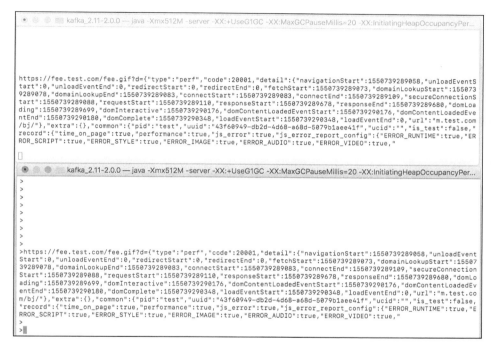

图 5-11　生产者输入与消费者展示的对比

至此，消息系统 Kafka 就介绍完毕。5.3 节会着重介绍消息系统与临时日志存储是如何配合的。

5.3　临时日志存储

我们可以从服务器的日志中获取监控相关的数据，但是不能每次都通过在控制台命令行输入指令的方式获取日志或者存储临时日志，因为前端监控平台的数据操作是不应该有人为干预的。因此 5.3 节将介绍如何通过编写代码的方式输入消息生产者和消费者的日志，并最终存储为 Raw 原始日志以及生成新 Json 结构化日志。

首先，通过脚本方式把日志从服务器日志中读取出来，然后通过创建的生产者，并以刚刚创建的"performanceTest"主题（Topic）为媒介把日志数据存储在 Kafka 系统中。由于通过消费者向 Kafka 中添加数据这步操作可能存在于多个服务器上，因此为了能够把所有的日志放在一起管理，接下来我们要编写一个 Node.js 方法把 Kafka 数据存储起来，进行初步数据清洗，并把对应的日志进行分类。具体日志数据处理流程如图 5-1 所示。

由图 5-1 中可知，服务层中的 access.log、error.log、out.log 先加入到 Kafka 消息服务中，我们需要把 Kafka 集群中的消息获取出来，然后使其进入清洗层。首先我们要编写一个 Kafka 的配置文件，配置文件中描述了日志的路径、日志的类型等，具体代码如代码清单 5-8 所示。

> **提示**
>
> Kafka 的工具包推荐使用 Blizzard（暴雪娱乐）公司开源的 node-rdkafka，除了易用性较好，其稳定性也比较高，该公司内部的部分大数据系统也是使用该模块做的转发处理。

代码清单 5-8　Kafka 配置文件

```
import Kafka from 'node-rdkafka'
/**
 * 获得日志所在文件夹
 * 日志类型 LOG_TYPE_RAW | LOG_TYPE_JSON | LOG_TYPE_TEST
 * @param {string} logType
 * @returns {string}
 */
function getAbsoluteBasePathByType (logType = LOG_TYPE_RAW) {
  // 确保logType一定是指定类型
  switch (logType) {
    case LOG_TYPE_RAW:
      break
    case LOG_TYPE_JSON:
      break
    case LOG_TYPE_TEST:
      break
    default:
      logType = LOG_TYPE_RAW
  }
  let fileUri = path.resolve(logPath, 'kafka', logType)
  return fileUri
}

/**
 * 根据开始时间和记录类型，生成对应日志的绝对路径，按分钟分隔
```

```
 * @param {number} logAt
 * @param {string} logType
 * 日志类型 LOG_TYPE_RAW | LOG_TYPE_JSON | LOG_TYPE_TEST
 * @returns {string}
 */
function getAbsoluteLogUriByType (logAt, logType = LOG_TYPE_RAW) {
  // 确保logType一定是指定类型
  switch (logType) {
    case LOG_TYPE_RAW:
      break
    case LOG_TYPE_JSON:
      break
    case LOG_TYPE_TEST:
      break
    default:
      logType = LOG_TYPE_RAW
  }
  let startAtMoment = moment.unix(logAt)
  let basePath = getAbsoluteBasePathByType(logType)
  let monthDirName = getMonthDirName(logAt)
  let fileName = `./${monthDirName}/day_${startAtMoment.format(DDFormat)}/${startAtMoment.format(HHFormat)}/${startAtMoment.format(mmFormat)}.log`
  let fileUri = path.resolve(basePath, fileName)
  return fileUri
}

export default {
  Kafka,
  getAbsoluteLogUriByType,
  getAbsoluteBasePathByType,
  LOG_TYPE_RAW,
  LOG_TYPE_JSON,
  LOG_TYPE_TEST
}
```

这里只截取了 Kafka 配置代码的关键部分，头部引入了 node-rdkafka 模块。getAbsoluteBasePathByType 和 getAbsoluteLogUriByType 函数主要是能够让对应的 Json、Test、Raw 这 3 种数据完成一致性校验。如果日志类型未知，则默认为 Raw 日志，也就是我们最终所说的原始日志。getAbsoluteBasePathByType 函数主要是处理对应类型的文件存储位置，区别是 getAbsoluteBasePathByType 是不按照时间处理，但是 getAbsoluteLogUriByType 会按照分钟来分割数据。这样做的好处是把数据的存储粒度缩小，也就是降低日志文件每次读取的性能消耗。

在代码清单 5-8 中，我们已经完成了 Kafka 的日志配置，接下来就要建立 Node.js 与 Kafka 连接的部分了，具体代码如代码清单 5-9 所示。

代码清单 5-9　建立 Node.js 与 Kafka 的连接

```
async execute (args, options) {
    // 获取项目列表
    let projectMap = await this.getProjectMap()
    let client = this.getClient()
    this.log('client获取成功')
    let that = this
    let logCounter = 0
    let legalLogCounter = 0
    let pid = process.pid

    // 达到运行指定时间的两倍后，不再等待，强制退出
    setTimeout(async () => {
      that.log(`[pid:${pid}]运行时间超出限制，强制退出`)
      await this.forceExit()
    }, MAX_RUN_TIME * 1.5)

    client.on('ready', () => {
      client.subscribe(['performanceTest'])
      client.consume()
      this.log(`[pid:${pid}]kafka 连接成功，开始录入数据`)
    }).on('data', async (data) => {
      logCounter = logCounter + 1
      let content = data.value.toString()

      // 获取日志时间，如果没有原始日志时间就直接跳过
      let logCreateAt = this.parseLogCreateAt(content)
      if (_.isFinite(logCreateAt) === false || logCreateAt <= 0) {
        this.log('日志时间不合法，自动跳过')
        return
      }
      // 首先判断是不是测试数据，如果是测试数据，直接保存，跳过后续所有逻辑
      if (this.isTestLog(content)) {
        this.log('收到测试日志，直接保存，并跳过后续所有流程')
        let writeLogClient = this.getWriteStreamClientByType(logCreateAt, LKafka.LOG_TYPE_TEST)
        writeLogClient.write(content)
        this.log('测试日志写入完毕')
        return
      }
      // 检查日志格式，只录入解析后符合规则的 log
      let parseResult = await that.parseLog(content, projectMap)
      if (_.isEmpty(parseResult)) {
        that.log('日志格式不规范，自动跳过，原日志内容为 =>', content)
        return
      }

      legalLogCounter = legalLogCounter + 1
```

5.3 临时日志存储

```
        // 存储原始数据
        let rawLogWriteStreamByLogCreateAt = this.getWriteStreamClientByType(lo
gCreateAt, LKafka.LOG_TYPE_RAW)
        rawLogWriteStreamByLogCreateAt.write(content)

        this.log(`收到数据，当前共记录${legalLogCounter}/${logCounter}条数据`)
        let jsonWriteStreamByLogCreateAt = this.getWriteStreamClientByType(logC
reateAt, LKafka.LOG_TYPE_JSON)
        jsonWriteStreamByLogCreateAt.write(JSON.stringify
(parseResult))
        // 定期清一下
        if (jsonWriteStreamPool.size > 100 || rawLogWriteStreamPool.size > 100) {
          // 每当句柄池满100后，关闭除了距离当前时间10分钟之内的所有文件流
          this.autoCloseOldStream()
        }
    }).on('disconnected', async () => {
      this.log(`[pid:${pid}]链接断开`)
      await this.forceExit()
    })
  }

getClient () {
    let kafka = LKafka.Kafka
    let client = new kafka.KafkaConsumer(BaseClientConfig, {})
    return client.connect()
}
```

代码清单5-9有两处关键地方。第一处是getClient函数，该函数承载根据配置文件创建一个Kafka的接收消息客户端的任务，也就是前文中我们提到的消费者，并且这个方法返回了消费者的连接对象。这样开发者就可以直接通过getClient函数返回的连接对象对连接状态进行监控以及接收数据。第二处是client.on('ready', ())函数，client.on('ready', ())的作用是，消费者端与Kafka存储集群创建后，开发者可以在client.on('ready', ())中对数据进行处理。大家还记得之前创建的"名字叫作performanceTest"信息主题吗？在与Kafka建立连接后我们就要开始监听这个信息主题了，并且要随时处理通过这个信息主题传递过来的数据。接下来将介绍处理数据的步骤。

处理数据的第一步是验证数据是否为非法数据，无论是对于监控的实时性要求，还是对于数据的历史要求，数据的时间都是最重要的，所以我们抛弃没有时间的数据。其次在接入监控的时候有一些测试数据也是不需要的，我们在开始设计SDK的时候需要预留字段isTesting，检测到这个字段的值为true的时候就证明这条数据为测试数据，这类数据我们也需要过滤掉。

第二步是对于数据的格式化和本地化处理了，parseLog方法完成了数据格式

化和本地化的全部过程。具体代码如代码清单 5-10 所示。按行的方式读取数据，在日志存储的时候一行就是一条日志。所以我们以 \n 作为日志区分标志，然后将每分钟的日志写入同一个文件，并且以 01～60 分钟这种方式来命名。

代码清单 5-10　数据的格式化和本地化

```
/**
 * 解析指定时间范围内的日志记录，并录入到数据库中
 * @param {*} startAt
 * @param {*} endAt
 * @return null
 */
async parseLog (startAt, endAt) {
  let that = this
  for (let currentAt = startAt; currentAt <= endAt; currentAt = currentAt + 60) {
    let currentAtMoment = moment.unix(currentAt)
    let absoluteLogUri = LKafka.getAbsoluteLogUriByType(currentAt, LKafka.LOG_TYPE_JSON)
    that.log(`开始处理${currentAtMoment.format(that.DATE_FORMAT_DISPLAY)}的记录，log文件地址 => ${absoluteLogUri}`)
    let logUri = LKafka.getAbsoluteLogUriByType(currentAt, LKafka.LOG_TYPE_JSON)
    if (fs.existsSync(logUri) === false) {
      that.log(`log文件不存在，自动跳过 => ${absoluteLogUri}`)
      continue
    }
    // 确保按文件顺序逐行读写日志
    await new Promise(function (resolve, reject) {
      let onDataReceive = async (data, next) => {
        let record = JSON.parse(data)
        if (that.isLegalRecord(record)) {
          that.processRecordAndCacheInProjectMap(record)
        }
        next()
      }
      let onReadFinish = () => {
        resolve()
      }
      readLine(fs.createReadStream(logUri), {
        // 换行符，默认 \n
        newline: '\n',
        // 是否自动读取下一行，默认 false
        autoNext: false,
        // 编码器，可以为函数或字符串（内置编码器：json,base64），默认 null
        encoding: null
      }).go(onDataReceive, onReadFinish)
    })
    that.log('处理完毕')
  }
}
```

在日志存储之后，我们可以看到 log 是图 5-12 所示的这种文件存储结构。

```
[root@VM month_201907]# ls
day_08  day_09  day_10  day_11  day_12
[root@VM month_201907]# cd day_10/
[root@VM day_10]# ls
12  13  15  16  17  20  21
[root@VM day_10]# cd 12
[root@VM 12]# ls
18.log  20.log  22.log  24.log  26.log  28.log  30.log  32.log  34.log
19.log  21.log  23.log  25.log  27.log  29.log  31.log  33.log  35.log
[root@VM 12]#
```

图 5-12　日志文件系统结构

日志系统的目录结构以年月/天/小时/分钟的存储方式进行存储，这样既能保证单个日志文件不会过大，又方便检索日志。图 5-12 中 month_201907 文件夹存放的是 2019 年 7 月的数据，day_08、day_09、day_10、day_11、day_12 记录了从 7 月 8 日到 7 月 12 日的数据。我们查看 day_10 文件夹，即 7 月 10 日的数据，发现文件夹中存储的是依据 24 小时计时法，7 月 10 日中有 7 个小时有数据，也就是 12、13、15、16、17、20、21 点有数据，如果开发者查看分钟数据，要进入某个小时文件夹中才能看到。比如，我们进入文件夹 12 打开文件 18.log，查看 2019 年 7 月 10 日 12 点 18 分的具体数据，如图 5-13 所示。

图 5-13　2019 年 7 月 10 日 12 点 18 分的数据

5.4 数据存储

5.3 节描述的是把数据存储到前端日志系统中，本章将介绍把日志以结构化的形式存储到数据库中。在存储数据之前我们要先考虑一下数据的存储结构以及数据库中的表要如何设计。

我们把表分成两种，一种为原始表，另一种为结果表。原始表中的数据是与原始日志中的字段一一对应的。结果表中的数据是对原始表的数据进行二次处理的结果。根据之前监控平台的需求，表的设计如图 5-14 所示。

图 5-14 监控系统数据库中表的设计

表的名字看起来有些奇怪，有的表中竟然还有数字，它们是在日常工作中创建数据库表时我们团队达成的一些共识，我们把这种共识变成设计数据库的规范。
例如：

- 所有表均以 t_ 开头；
- 原始表添加 _o 后缀，即 t_o_ ；
- 结果表添加 _r 后缀，即 t_r_ ；
- 表名、字段名默认使用下划线方式命名，不区分大小写；
- 数据库编码字符集为 utf8mb4；
- 记录 id 统一用 unsigned bigint ；
- 如果字段名中有关键字，需要加 c_ 前缀；
- 所有表中必须有 update_time 和 create_time 字段，方便确认记录的更新和创建时间。

提示

MySQL 在 5.5.3 版本之后增加了这个 utf8mb4 的编码，mb4 就是 mostbytes4 的意思，专门用来兼容 4 字节的 unicode。其实，utf8mb4 是 utf8 的超集。编码这部分内容与前端监控关联不大，因此不做详细介绍。

下面解释一下这些规范的由来。为了以后区分视图或其他的数据集合，表的命名用 table 单词的首字母 t 来标识，虽然我们可以把所有的数据都存储在一个表中，但是这并不是一个好的设计。SQL 语句虽然写起来更简单，但是原始数据库表非常大，查询时可能会出现数据库挂起的情况。我们曾经做过这样一个尝试，将实时监控表拆分之后，数据达到 2000 万条时，在数据库表中进行查询都会出现数据库挂起的情况，这还是在带索引查询的情况下。因此，我们还需要将一些接口常用的查询数据以 result 也就是结果表的形式存储起来，这就是 r 表的由来。

至于下划线、id 等都是通用数据库中会涉及的，update_time 和 create_time 是用来方便记录数据更新时间和创建时间的。如果有需要的话，可以加上更改者（主要是记录更改的人）以方便追查问题。

因为数据库表比较多，大家通过数据库表的字段也基本可以理解含义，所以这里我们以一个数据库表为例来进行说明。

图 5-15 展示的是数据上报的操作系统表，里面存储着环境信息、设备信息、地理信息、数据自身描述信息等。仔细看可以发现，数据中其实有两个时间字段，一个是 visit_at_month（日志的产生日期），另一个是 log_at（日志的记录时间）。

其实，理论上来说，两个时间应该差得并不太多，但实际上有一种情况是，在 Kafka 日志大量堆积的时候，log_at 与 visit_at_month 可能相差 12 小时。在监控数据清洗任务异常停止的时候，这个相差时间可能更大，所以要记录这两个时间。

注释: 设备记录表，按项目分表，最小统计粒度为月，命名规则: t_o_system_collection_项目id		
列	类型	注释
id	bigint(20) unsigned 自动增量	记录id
uuid	varchar(50) []	设备唯一标识
browser	varchar(50) []	浏览器品牌
browser_version	varchar(100) []	浏览器版本详情
engine	varchar(100) []	内核名称
engine_version	varchar(100) []	内核版本详情
device_vendor	varchar(100) []	手机品牌
device_model	varchar(100) []	手机型号
os	varchar(50) []	操作系统
os_version	varchar(50) []	操作系统详情
country	varchar(10) []	所属国家
province	varchar(15) []	所属省份
city	varchar(15) []	所属城市
visit_at_month	varchar(20) []	访问日期，数据格式为 YYYY-MM demo => 2018-09
log_at	bigint(20) [0]	日志记录时间
create_time	bigint(20) [0]	数据库创建时间
update_time	bigint(20) [0]	数据库更新时间
索引		
PRIMARY	id	
UNIQUE	visit_at_month, uuid	

图 5-15　设备记录表设计

5.5　指令系统

截至目前，本书已经介绍完数据的上报、收集、清洗、入库，接下来要把监控数据与各个环节（数据上报、收集、清洗、入库）连接起来。在连接之前，为了方便使用，我们要把对应的一个个模块编辑成指令集。指令方法是利用 Adonisjs 的 Ace 模块，通过 npm i --save @adonisjs/ace 进行安装。当然也可以把它加入到项目的 package.json 里。

提示

Adonisjs 是一个服务端渲染的 MVC 框架，它是 Laravel（PHP 框架）的一个 Node.js 版本。可以安装脚手架工具 adonis-cli，用于创建 Adonis 项目。Ace 为 Adonis 的一个子模块，通俗来讲就是把一个函数封装成一个命令行中可以调用的指令。

图 5-16 展示的是前端监控项目所需要的指令。

图 5-16　监控指令列表

可能大家对于项目的指令还是一头雾水，接下来对指令进行分类介绍。指令按照具体功能可以分为 7 类，如表 5-1 所示。

表 5-1　指令分类

指令名称	时间维度	功能描述
Parse	[按分钟][按小时][按天]	解析 Kafka 日志、原始日志
CreateCache	[每 10 分钟执行一次]	主动调用方法，更新 Redis 缓存，每 10 分钟更新一次
SaveLog	[每 10 分钟执行一次]	解析 Kafka 日志，按日志创建时间将原日志和解析合法的 Json 日志落在 log 文件中，每运行 30s 自动退出
Summary	[按分钟][按小时][按天]	主要是针对落地 Json 日志的二次计算。比如求设备占比、新增用户数、http error 分布情况等

续表

指令名称	时间维度	功能描述
Task	主动调用	任务调度主进程，只能启动一次
Utils	主动调用	主要是数据库初始化等工具类指令集
WatchDog	[根据报警配置时间]	监测每一条报警配置对应的项目错误

因为指令种类比较多，并且同一种指令中也有很多的使用方式，所以后面的介绍会侧重关键指令，重要程度不太高的指令就一笔带过。

5.5.1 SaveLog 指令

SaveLog 是数据处理的第一步，主要负责从 Kafka 集群中把日志读取下来，将其存储成原始日志 .log 和结构化日志 Json，该指令代码在 5.3 节已经做过详细的解析，指令只不过把此过程封装成可以重复调用、相互独立的命令行指令而已，在此就不做赘述。

5.5.2 Parse 指令

Parse 指令的功能分为 3 部分，即字段提取、规则校验和数据入口。

先详细介绍 Parse:Device（设备获取指令）指令，该指令是用来处理物理设备日志入库的，代码如代码清单 5-11 所示。我们先利用 lodash.get 从记录中提取数据，然后通过之前配置好的规则清洗数据。例如，做设备信息入库的时候，如果该条数据没有具体设备型号，或者设备型号为非法字符，那么这条日志就不能存入数据库。我们将这种日志定义为无效日志。代码清单 5-11 中展示了 Parse:Device 指令的关键逻辑。

> **提示**
>
> lodash 是一款从 2012 年开发至今的 npm 工具包，通过提供一系列工具方法降低 array、number、objects、string 等的使用难度，从而让 JavaScript 变得更简单。事实上，lodash 是 npm 依赖数最高的包，很难找到一个大型项目里没有 lodash。也就是说，我们在日常开发中，可以直接全量导入 lodash。

代码清单 5-11　Parse:Device 指令关键代码

```
import _ from 'lodash'
```

```
async processRecordAndCacheInProjectMap (record) {
    let commonInfo = _.get(record, ['common'], {})
    let ua = _.get(record, ['ua'], {})
    let uuid = _.get(commonInfo, ['uuid'], '')
    let visitAt = _.get(record, ['time'], 0)
    let projectId = _.get(record, ['project_id'], 0)
    let country = _.get(record, ['country'], '')
    let province = _.get(record, ['province'], '')
    let city = _.get(record, ['city'], '')
    let browser = _.get(ua, ['browser', 'name'], '')
    let browserVersion = _.get(ua, ['browser', 'version'], '')
    let engine = _.get(ua, ['engine', 'name'], '')
    let engineVersion = _.get(ua, ['engine', 'version'], '')
    let deviceVendor = _.get(ua, ['device', 'vendor'], '')
    let deviceModel = _.get(ua, ['device', 'model'], '')
    let os = _.get(ua, ['os', 'name'], '')
    let osVersion = _.get(ua, ['os', 'version'], '')
    let runtimeVersion = _.get(commonInfo, ['runtime_version'], '')
    let visitAtMonth = moment.unix(visitAt).format(DATE_FORMAT.DATABASE_BY_MONTH)
    let deviceRecord = {
      projectId,
      visitAt,
      uuid,
      browser,
      browserVersion,
      engine,
      engineVersion,
      deviceVendor,
      deviceModel,
      os,
      osVersion,
      country,
      province,
      city,
      runtimeVersion
    }

    // 数据清洗迭代器
    // '~/src/commands/utils/data_cleaning'
    if (!datacleaning.getData(deviceRecord, 'deviceConfigDevice')) {
      return false
    }

    let visitAtMap = new Map()
    let deviceMap = new Map()
    if (this.projectMap.has(projectId)) {
      visitAtMap = this.projectMap.get(projectId)
      if (visitAtMap.has(visitAtMonth)) {
        deviceMap = visitAtMap.get(visitAtMonth)
      }
```

```
    }
    deviceMap.set(uuid, deviceRecord)
    visitAtMap.set(visitAtMonth, deviceMap)
    this.projectMap.set(projectId, visitAtMap)
    return true
}
```

5.5.3 Summary 指令

由于原始数据过多，直接使用 MySQL 的 count 方法容易导致接口超时，因此我们需要通过 Summary 系列指令，对数据进行预计算后存储到数据库中，以便加快查询速度。

Summary 指令的功能分为 3 部分：字段提取、数据变换（求和、平均数、求余等），以及数据入库。我们就以 Summary:SystemOS 指令为例（如代码清单 5-12 所示）。该指令是用来计算各个系统在总系统中的占比的。在执行命令时，首先获取项目列表，然后对原始数据按时间维度做清洗、聚合，或者按国家、省、城市等地理位置维度做清洗、聚合，再把清洗之后的数据存入数据库中。这样，通过接口获取数据时，就可以快速拿到清洗、聚合之后的结果，避免数据分析的延迟了。

提示

在开发前端监控平台的过程中，如果使用传统方案，一条数据对应到国家/省/市，大致会放大 300 倍（地级市总数），这样数据很容易就会突破 1000 万条，常规情况下单表存储 2000 万条数据就可能会出现查询性能问题。因此，前端监控平台采用了将国家/省/市 3 组数据打包为一条 Json，存入一张独立的表中，原始记录中只存一条记录 id，有效抑制了数据的增长。

代码清单 5-12　Summary:SystemOS 指令关键代码

```
import MSystemOs from '~/src/model/summary/system_os'
async function summarySystemOs(visitAt) {
  let visitAtMonth = moment.unix(visitAt).format(DATE_FORMAT.DATABASE_BY_MONTH)
  const projectList = await MProject.getList()
  for (let rawProject of projectList) {
    const projectId = _.get(rawProject, 'id', '')
    const projectName = _.get(rawProject, 'project_name', '')
    const systemTableName = MSystem.getTableName(projectId)
    Logger.info(`开始处理项目${projectId}(${projectName})的数据`)
    Logger.info(`[${projectId}(${projectName})] 统计月份:${visitAtMonth}`)
    const sumRes = await Knex
```

```
      .count('* as total_count')
      .select([`os`, `os_version`, `visit_at_month`, `country`, `province`, `city`])
      .from(systemTableName)
      .where('visit_at_month', '=', visitAtMonth)
      .groupBy('os')
      .groupBy('os_version')
      .groupBy('country')
      .groupBy('province')
      .groupBy('city')
      .catch((err) => {
        Logger.error(err)
        return []
      })
    if (sumRes.length === 0) {
      continue
    }
    let osAndOsversionRecord = {}
    for (let countItem of sumRes) {
      const { os, os_version: osVersion, country, province, city, total_count: totalCount, visit_at_month: countAtMonth } = countItem
        let distribution = {}
        let distributionPath = [country, province, city]
        _.set(distribution, distributionPath, totalCount)
        let osAndOsVersion = os + osVersion
        if (_.has(osAndOsversionRecord, osAndOsVersion)) {
          // 若是已经有，更新 count/distribution
          let oldCount = _.get(osAndOsversionRecord, [osAndOsVersion, 'totalCount'], 0)
          let newCount = oldCount + totalCount
          let oldDistribution = _.get(osAndOsversionRecord, [osAndOsVersion, 'distribution'], {})
          let cityDistribute = MCityDistribution.mergeDistributionData(distribution, oldDistribution, (newCityRecord, oldCityRecord) => { return newCityRecord + oldCityRecord })
          _.set(osAndOsversionRecord, [osAndOsVersion, 'totalCount'], newCount)
          _.set(osAndOsversionRecord, [osAndOsVersion, 'distribution'], cityDistribute)
        } else {
          _.set(osAndOsversionRecord, [osAndOsVersion], {
            totalCount: totalCount,
            os: os,
            countAtMonth: countAtMonth,
            osVersion: osVersion,
            distribution: distribution
          })
        }
    }

    let totalCount = 0
    for (let item of Object.keys(osAndOsversionRecord)) {
      if (item) {
```

```
        totalCount = totalCount + 1
      }
      let recordInfo = osAndOsversionRecord[item]
      await replaceAndAutoIncreaseOsRecord(projectId,
recordInfo, recordInfo['distribution'])
    }
    Logger.info(`项目${projectId}(${projectName})处理完毕,共处理${totalCount}条
数据`)
  }
}
```

5.5.4　WatchDog 指令

WatchDog 是监控报警的指令，主要通过几项配置来进行报警，首先是错误的名字，也就是 errorName 参数，因为每个项目可能有很多报错，我比较关注某类错误，所以这部分需要配置。另外就是时间配置 timeRange 参数，还有最大报错数 maxErrorCount 参数，这两个参数一起介绍，可以理解为 timeRange 时间段内报错数超过 maxErrorCount 就报警。但是实际上我们还需要一个功能，就是在报过一次警之后，不想再收到报警，因为开发者已经知道问题了，正在修复问题。因此我们还需要一个参数，这个参数叫作睡眠时间，比如，睡眠时间设置为 30 分钟，那么无论 30 分钟内报警多少次，我们只会收到一次报警。至于 redisKey，主要用来缓存上次报警数据。详细代码如代码清单 5-13 所示。

代码清单 5-13　WatchDog 指令关键代码

```
async autoAlarm (projectId, errorName, timeRange, maxErrorCount, alarmInterval,
redisKey, note, configId) {
    const nowAt = moment().unix()
    const timeAgoAt = nowAt - timeRange
    const errorCount = await MMonitor.getErrorCountForAlarm(projectId,
errorName, timeAgoAt, nowAt)
    this.log(`项目${projectId}监控的${errorName}错误最近${timeRange}秒错误数 =>
${errorCount}`)
    // 指定时间内报错数大于 maxErrorCount 则报警
    if (errorCount >= maxErrorCount) {
      const project = await MProject.get(projectId)
      const projectName = _.get(project, ['display_name'], projectId)
      const projectRate = _.get(project, ['rate'], 0) / 10000 * 100
      const alarmUcidList = await MProjectMember.getAlarmUcidList(projectId)
      const nowAt = moment().unix()
      if (errorName === '*') {
        errorName = '所有'
      }
      let alarmMsg = `项目【${projectName}】监控的【${errorName}】错误，抽样比例
```

【${projectRate}%】最近【${timeRange}】秒内错误数【${errorCount}】，达到阈值
【${maxErrorCount}】，触发报警，报警备注【${note}】。`
        this.log(alarmMsg)
        await this.sendAlert(alarmUcidList, alarmMsg)
        const isSuccess = await MAlarmLog.insert(projectId, configId, nowAt, errorName, alarmMsg)
        if (isSuccess === false) {
          Logger.error('添加报警日志失败')
        }
        await redis.asyncSetex(redisKey, alarmInterval, 1)
      }
    }

5.6 任务系统

在 5.5 节中我们介绍了主要的指令系统的具体功能，但是并未介绍指令系统的使用时间和场景。因为指令系统要跟任务系统配合使用，只有任务系统才能确定何时触发指令系统中的具体指令。我们把任务分为以下 3 类。

> **提示**
>
> 任务系统就是把一条或者多条指令封装成一个指令集，该指令集在特定时间完成一块相对独立的工作。任务系统中各个任务一定有任务执行的时间和任务具体功能代码。

- 每分钟执行一次的任务，这类任务主要是一些对实时性要求较高的任务（如前端报错的报警），我们需要时时刻刻监控。
- 每天执行一次的任务，这类任务主要是一些对实时性要求不高的任务。比如，前一天的 PV、UV、用户平均在线时长、每天的操作系统分布、浏览器系统等这类数据。
- 只执行一次的任务，这类任务就是启动 Kafka 的消费者的任务，因为所有任务最关键的一点都是原始日志的清洗，报警任务对实时性要求也极高，因为所有的数据二次处理都依赖原始日志，而且我们也无法保证 Kafka 日志产生的数据在波峰的情况下能被及时处理，所以只能让任务的时间尽量短从而避免任务的积压。

> **提示**
>
> 数据波峰通常情况下是指数据平时访问量并不高，但是在遭遇某种突发情况

的时候（抢购、上班打卡、抽奖等），数据量会呈倍数增长。针对前端监控系统的日志产生的波峰是指在前端报错大面积爆发或者是后端某个接口完全不可用的情况下数据日常的产生量可能是该错误页面的PV乘以访问次数，极有可能是平时数据量的成百上千倍。这种数据量我们通常称为数据波峰。

上文中介绍了任务的种类，启动这个任务调度系统也需要一个指令，接下来讲解一下这个任务调度指令的关键部分代码，具体代码如代码清单5-14所示。

代码清单5-14　任务调度指令关键代码

```
/**
 * 每分钟启动一次
 */
async registerTaskRepeatPer1Minute () {
  let that = this
  // 每分钟的第0秒启动
  schedule.scheduleJob('0 */1 * * * *', function () {
    that.log('registerTaskRepeatPer1Minute 开始执行')
    let nowByMinute = moment().format(DATE_FORMAT.COMMAND_ARGUMENT_BY_MINUTE)
    that.log('[按分钟] 每分钟启动一次SaveLog ')
    if (isUsingKafka) {
      that.execCommand('SaveLog:Kafka', [])
    } else {
      that.execCommand('SaveLog:Nginx', [])
    }
    that.log('[按分钟] 每分钟启动一次WatchDog:Alarm, 监控平台运行情况 ')
    that.execCommand('WatchDog:Alarm', [])
    that.log('[按分钟] 解析Kafka日志，分析错误详情')
    that.dispatchParseCommand('Parse:Monitor', twoMinuteAgoByMinute, nowByMinute)
    that.log('registerTaskRepeatPer1Minute 命令分配完毕')
  })
}
```

定时任务的启动方式选择的是node-schedule，node-schedule是Cron风格的定时器，用过Linux的Cron的应该对node-schedule很了解，具体规则如图5-17所示。

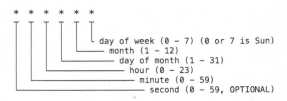

图5-17　node-schedule任务系统参数含义

为了便于理解，举 3 个例子来加以说明。

- 每分钟的第 10 秒触发："10 * * * * *"。
- 每小时的第 1 分 10 秒触发："10 1 * * * *"。
- 每周 2 的第 1 点 1 分 10 秒触发："10 1 1 * * 2"。

我们所有的任务最短的执行间隔按 1 分钟来算，最长的执行间隔按 1 天来算。

5.7 小结

本章主要介绍了服务端关于数据的接收、处理、存储，以及其他处理数据的策略，上报数据最先到达的地方是 Nginx 服务器的访问日志，接下来通过 Kafka 的生产者（Producer）把数据发送到代理（Broker），然后通过 Kafka 的消费者（Consumer）获取数据，最后将指令任务和调度任务相结合清洗出前端监控平台所需要的数据结果。

至此，前端监控平台数据相关的处理工作都已经完毕，第 6 章将启动业务层面服务器的搭建。

第 6 章

服务搭建

虽然搭建前端监控平台所需要的数据已经准备完毕,但监控平台还缺少一个展示数据的界面。本章主要介绍使用 Node.js 和 Express 搭建一个后端服务。

6.1 启动一个服务器程序

因为 Node.js 服务器使用的后端开发语言是 JavaScript,前端工程师使用的开发语言也是 JavaScript,所以使用 Node.js 服务器开发后端服务对前端工程师更加友好。如果单从降低学习后端语言的成本来说,Node.js 服务器是最好的选择。

之所以选择 Express 脚手架来搭建前端监控平台的 Web 服务器有以下 3 个原因。

首先,Express 用户基数大,文档完善。在搭建 Fee 项目的过程中,我们遇到了各种稀奇古怪的问题,但依靠 Stack Overflow 和 SegmentFault,基本都能找到解决方案。这一点是 Meteor 等小众框架难以具备的。

> **提示**
>
> Stack Overflow 由 Jeff Atwood 和 Joel Spolsky 于 2008 年创建,7 月小范围地进行 Beta 测试,直到 9 月才开始公开进行 Beta 测试。Stack Overflow 面向编程人员群体。
>
> 到 2010 年年末,Stack Overflow 单个站点在 Alexa 的排名是 160,月度独立访客超过 1600 万,每月页面访问量超过 7200 万(引用)。
>
> Stack Overflow 目前是全球最大的极客程序员问题答疑网站。SegmentFault 是与 Stack Overflow 类似的中文网站,由于 Stack Overflow 在国内访问不是很稳定,因此 SegmentFault 也是一个不错的选择。

其次，代码结构清晰，易于维护。Express 和 Koa（基于 Node.js 的下一代框架）非常接近，最大的区别可能是 Express 会将 Request/Response/ 扩展变量作为单个参数传入 controller，而 Koa 则是一律挂载到 this.ctx 变量中。直接挂载到 ctx 变量中看起来非常灵活，但最终结果是没有人知道 ctx 上有什么，这会带来繁重的维护成本。如果要升级到 TypeScript 的话也会非常痛苦（TypeScript 的静态分析和 ctx 的动态挂载天然是矛盾的）。因此，虽然业内大厂诸如 egg.js 选择了 Koa，但是我们从项目的可维护性上考虑，排除了这个选项。

最后，Express 社区基础好，是 Node.js 业内后端服务的风向标。总结起来，Express 用户基数庞大、文档完善程度非常高、社区力量强大都是我们选择它的不二原因。

接下来介绍搭建监控后端服务的流程。首先要初始化一个 Node.js 项目，创建一个名为 BOOK 的文件夹，然后进入该文件夹，执行 npm init 命令，终端会引导开发者输入项目信息，我们创建一个名为 BOOK 的项目，因为后续我们可以随时更改 package.json 中的内容，所以其他项目信息选择默认就可以。输入完毕之后你就会看到图 6-1 所示的界面，这时在 BOOK 文件夹中已经生成一个 package.json 的文件。

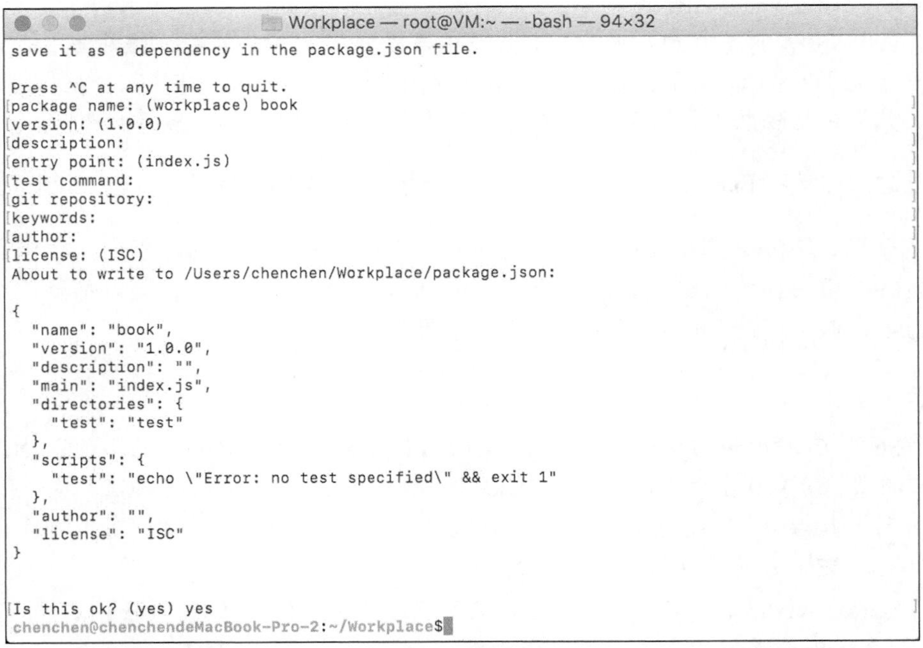

图 6-1　Node.js 项目初始化

接下来安装 Express，在命令行中执行 npm install express –save，然后使用 Visual Studio Code 打开我们创建的 BOOK 项目，如图 6-2 所示，在项目的 package.json 文件中的第 11 行多出了 dependencies 相关配置，并且里面还有我们刚刚安装的 Express 的版本号。如果是以直接更改 package.json 的方式安装 Express，需要执行 npm install 安装 Node.js 依赖。

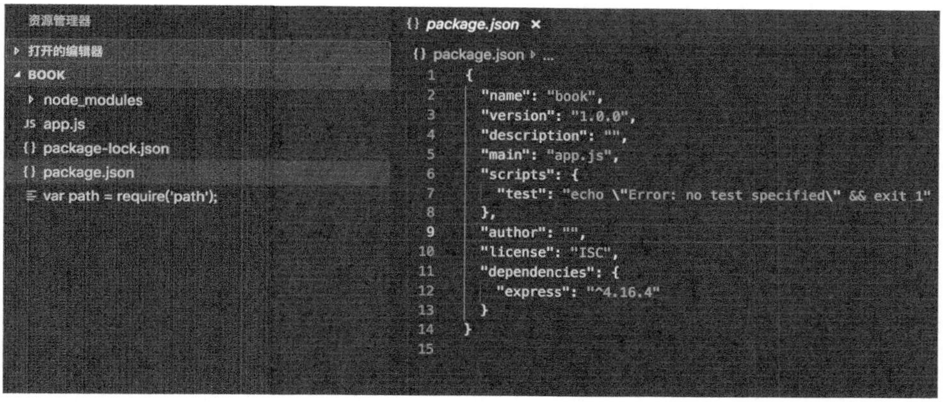

图 6-2 package.json 配置

提示

微软公司在 2015 年 4 月 30 日的 Build 开发者大会上正式宣布了 Visual Studio Code 项目——一个运行于 macOS、Windows 和 Linux 之上的编写现代 Web 和云应用的跨平台源代码编辑器。

Express 安装完毕，为了实现"hello，express"功能，我们需要在项目文件夹下新建一个叫作 app.js 的文件，然后输入代码清单 6-1 所示的代码。

代码清单6-1　app.js

```
var express = require('express');
var app = express();

app.get('/', function(req, res) {
  res.send('hello, express');
});

app.listen(3000);
```

代码清单 6-1 中的代码实现了一个在浏览器上展示"hello,express"的功能，在 app.js 中我们首先引入了 Express 脚手架，然后利用 Express 路由把根路径指向一个空页面，并且在页面上展示 "hello, express"，最后设置该服务启动后的监听端口为 3000，也就是通过访问 127.0.0.1:3000 就能看到我们编写的内容。我们在项目目录下执行 nodejs app.js，然后打开浏览器，在地址栏输入 127.0.0.1:3000 就可以看到图 6-3 所示的界面了。

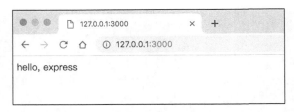

图 6-3 "hello，express" 展示页面

至此，Express 的初步项目启动就完成了，从 6.2 节开始，我们会把监控平台的相关后端服务搭建分为数据、服务器接口两大部分进行详细介绍。

提示

因为本书是讲解搭建监控系统的整体流程的，所以希望读者具备 Express 的相关基础技术能力，主要是路由能力，网络请求时的请求体中的参数获取，以及接口响应时的请求返回值配置。

6.2 数据

6.1 节中讲述的是如何搭建一个简单服务器，接下来就是处理数据的部分了，但是在处理数据之前，要先把数据相关操作的工具箱开发完。开发它的重要意义在于，开发者并不需要每一次操作数据库的时候都重新建立数据库连接，校验是否完成连接，把一些通用的配置通过 "硬编码" 的方式编写在业务逻辑中，否则每一次更改数据库相关配置都会更改许多地方且很不易于维护。

提示

这里的 "硬编码" 指的是把很多可配置的数据写成固定的代码，而不是通过抽取配置的方式进行编码。

6.2.1 数据库操作工具箱

这个工具箱主要分为两个功能模块，一部分是所需数据库的配置，另一部分是操作数据库的基本方法。

接下来先介绍一下数据库的相关配置。首先在项目目录中创建一个 config 文件夹，并且创建一个叫作 mysql.js 的文件，这个文件主要用来存储 MySQL 数据库的相关配置，如代码清单 6-2 所示。

代码清单6-2　MySQL 相关配置文件

```
import env from '~/src/configs/env'
// 开发环境配置
const development = {
  host: '127.0.0.1',
  port: '3306',
  user: 'root',
  password: '123456',
  database: 'platform'
}
// 测试环境配置
const testing = {
  host: 'xxxxxxx',
  port: '3306',
  user: 'xxx',
  password: 'xxxx',
  database: 'xxxxx'
}

// 线上环境
const production = {
  host: 'xxxxxxx',
  port: '3306',
  user: 'xxx',
  password: 'xxxx',
  database: 'xxxxx'
}
let config = {
  development,
  testing,
  production
}
export default config[env]
```

因为代码清单 6-2 所示代码是在开发环境运行的代码，所以前端监控平台的数据库配置使用个人电脑的本机 MySQL 数据库就可以。本机数据库地址通常情况下为 127.0.0.1，端口为 MySQL 默认端口 3306，数据库的用户名为 root，用户密码为 123456，数据库名为 platform。另外，除这些配置之外，从代码清单 6-2 的第一行中可以看到 import env from '~/src/configs/env' 这样一行代码，这行代码的含义是读取环境变量的相关配置，因为通常企业级别项目的 MySQL 数据库在不同的环境下会对接不同的数据库配置，也就是我们看到的另外一个名为 testing 的测试环境配置，以及一个叫作 production 生产环境的 MySQL 配置。

接下来看一下数据库环境配置这部分的代码，如代码清单 6-3 所示。

代码清单 6-3　数据库环境配置

```
/**
 *   === env config ===
 *   环境配置
 *
 *   created at: Thu Nov 30 2017 17:35:34 GMT+0800 (CST)
 */

// 环境变量值 =>
// development
// testing
// production
let env = process.env.NODE_ENV || 'development'
export default env
```

代码清单 6-3 中演示了 env 环境变量的赋值方式，如果有对应的参数值（production 或 testing）就获取对应的 config，如果没有对应的配置，就会读取 development 中我们写的本地开发配置。在常规的开发任务中，都会把环境拆分为多套环境。

接下来我们要把上面的配置实例化成一个数据库操作对象，这个数据库操作对象主要用来操作数据库中的数据，因此涉及数据的创建连接、维护连接稳定、数据库操作指令的传递。这部分工作 Knex 已经帮助开发者完成了，接下来使用 Knex 来创建数据库连接，如代码清单 6-4 所示。其中 sqlconfig 是之前我们在代码清单 6-2 中创建的数据库配置。

提示

Knex 是一个 Node.js 操作相关数据存储仓库的连接脚手架，目前支持 Postgres、MSSQL、MySQL、MariaDB、SQLite3、Oxracle 和 Amazon Redshift 等多种数据库。

代码清单6-4　创建代码库连接

```
import sqlconfig from '~/src/configs/mysql'
import knex from 'knex'
/** knex 方式 */
const Knex = knex({
  client: 'mysql',
  connection: {
    host: sqlconfig.host,
    port: sqlconfig.port,
    database: sqlconfig.database,
    user: sqlconfig.user,
    password: sqlconfig.password
  },
  debug: false,
  pool: {
    max: 10,
    min: 0,
    idleTimeoutMillis: 100,
    reapIntervalMillis: 150
  },
  acquireConnectionTimeout: 60000,
  log: {
    error (message) {
      Alert.sendMessage(WatchIdList.WATCH_UCID_LIST_DEFAULT, `数据库操作异常 => ${message}`)
    }
  }
})

export default Knex
```

代码清单 6-4 中返回了我们操作数据库使用的对象，这个对象实际上是一个 Knex 的实例，这个实例有很多操作数据库的方法，如 count、select、where，跟我们平时所写的 SQL 语句没有什么区别。那么如果我们想使用 Knex 做一次数据库查询，要如何完成呢？我们以环境数据中的操作系统数据分组为例来说明一下，代码如代码清单 6-5 所示。

代码清单6-5　操作系统数据分组

```
const sumRes = await Knex
      .count('* as total_count')
      .select(['os', 'os_version', 'visit_at_month', 'country', 'province', 'city'])
      .from(systemTableName)
      .where('visit_at_month', '=', visitAtMonth)
```

```
      .groupBy('os')
      .groupBy('os_version')
      .groupBy('country')
      .groupBy('province')
      .groupBy('city')
      .catch((err) => {
        Logger.error(err)
        return []
      })
    for (let countItem of sumRes) {
      const { os, os_version: osVersion, country, province, city, total_count: totalCount, visit_at_month: countAtMonth } = countItem
    }
```

代码清单 6-5 中的 sumRes 就是我们查询的结果集，我们可以通过一个循环把结果拿出来，就像最后两行代码，countItem 实际上就是满足对应的 groupBy 条件的结果之一。通过这种获取数据的方式开发者可以封装许多调用函数，将它们提供给服务器接口获取数据库数据。不过在此之前，开发者还需要一些处理公共数据的基础方法，因为在很多情况下，查询某个特定表的去重值，获取表中的重复数据，以及根据时间和项目的 projectId 来获取表名等这些常用的操作在有基础方法后更加方便、快捷。具体代码如代码清单 6-6 所示。

代码清单6-6　常用MySQL查询封装

```
function getTableName (tableName, splitBy, projectId) {
  const yearMonth = moment().format('YYYYMM')
  switch (splitBy) {
    case 'project':
      return `${tableName}_${projectId}`
    case 'month':
      return `${tableName}_${projectId}_${yearMonth}`
    default:
      return tableName
  }
}

async function getAll (tableName) {
  const datas = await Knex.select('*').from(tableName)
  return datas
}

async function getDistinct (params) {
  const { tableName, where, distinctName } = params
  const datas = await Knex(tableName).select().distinct(distinctName).where(where)
  return datas
}
```

```
async function getSelect (params) {
  const { tableName, where, splitBy, projectId } = params
  const table = getTableName(tableName, splitBy, projectId)
  const datas = await Knex(table).select().where(where)
  return datas
}
```

6.2.2 用户接口的依赖数据获取

6.2.1 节中介绍了数据库的基础操作，本节需要把对应接口所需的数据依赖都查询出来，以便服务器将它们返回给对应的前端接口。从功能角度把接口分为 3 类，分别是用户接口、数据接口和报警接口，对应的数据模型分别是 UserModel、ParseModel 和 AlarmModel。

提示

数据 Model 通常情况下指的是某类特定数据的模型，数据本身是不具备具体含义的，如数据、字符串的含义往往是表面的值，但是我们会使用 Model 把数据含义表现化，例如，如果这个 Model 由 Name、Age、Gender 这 3 个字段组成，我们可能就认为这个 Model 表示一个人，一般情况下 Model 不仅包含数据的结构，还会包含一些简单的数据操作方法。

在 5.4 节的数据库表的设计中，只是把相关监控数据的表设计出来，并没有设计用户数据库表。接下来我就把用户数据库表的设计呈现给大家。用户数据库表结构如图 6-4 所示。

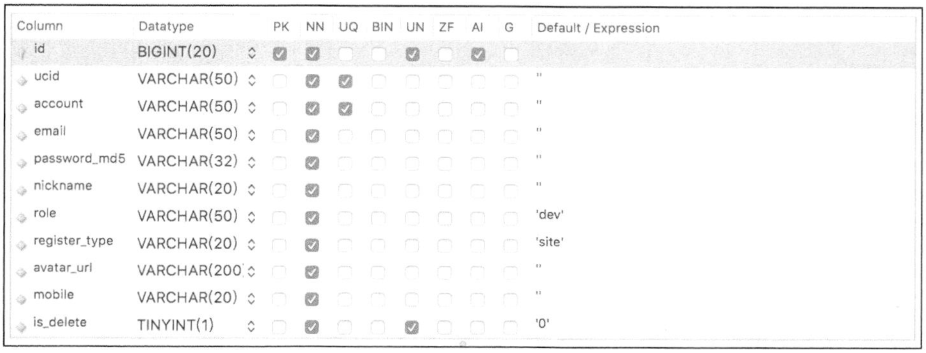

Column	Datatype	PK	NN	UQ	BIN	UN	ZF	AI	G	Default / Expression
id	BIGINT(20)	✓	✓			✓		✓		
ucid	VARCHAR(50)		✓	✓						''
account	VARCHAR(50)		✓	✓						''
email	VARCHAR(50)		✓							''
password_md5	VARCHAR(32)		✓							''
nickname	VARCHAR(20)		✓							''
role	VARCHAR(50)		✓							'dev'
register_type	VARCHAR(20)		✓							'site'
avatar_url	VARCHAR(200		✓							''
mobile	VARCHAR(20)		✓							''
is_delete	TINYINT(1)		✓			✓				'0'

图 6-4 用户数据库表结构

图 6-4 中已经呈现出用户数据库表的结构，其实对于开发者来说，最关键的

就是账户名 account 以及密码 password_md5（密码使用 md5 存储，主要是为了避免明文存储密码，避免因数据库账户名、密码泄露导致用户信息泄露）。还有一个需要关注的点就是账户在注销的时候，不建议技术人员直接删除物理数据，而是建议在对应的数据上打 Tag，因为这种删除操作是可逆的，对于误删除数据的影响也会降低到最低。

其实在接口中对用户表的操作无非是增、删、改、查这 4 种操作，它们与具体业务功能的对应关系如表 6-1 所示。

表 6-1　增删改查操作与功能的对应关系

数据库操作	实际功能
增	用户注册
删	用户注销（此功能不是退出登录，而是注销用户在数据库的记录）
改	用户信息更新
查	添加用户时的搜索，用户登录

我们先详细介绍"增"这个操作，"改"与"增"的功能实现仅有 SQL 语句存在细微差异。不过"增"操作实际考虑的情况要更多一些，比如，重复创建、密码的加密存储等稍微复杂的操作。

6.2.3　增

代码清单 6-7 中的代码不仅有注册功能，还有数据更新的功能，代码中的 existUserByAccount 变量就是用来判断用户是否已经存在，如果该用户已经存在就不创建新用户，而是去更新用户信息。

代码清单6-7　用户注册功能

```
/**
 * 创建用户
 * @param {object} userInfo
 */
async function register (account, userInfo) {
  const tableName = getTableName()
  // 如果没有ucid,则把account转为ucid
  let parseAccount = parseAccountToUcid(account)
  let ucid = _.get(userInfo, ['ucid'], parseAccount)
  let email = _.get(userInfo, ['email'], '')
  let passwordMd5 = _.get(userInfo, ['password_md5'], hash(DEFAULT_PASSWORD))
  let nickname = _.get(userInfo, ['nickname'], '')
```

```
let role = _.get(userInfo, ['role'], ROLE_DEV)
let registerType = _.get(userInfo, ['register_type'], REGISTER_TYPE_THIRD)
let mobile = _.get(userInfo, ['mobile'], '')
let avatarUrl = _.get(userInfo, ['avatarUrl'], DEFAULT_AVATAR_URL)
// ucid和account不能为空
if (ucid.length === 0 || account === '') {
  return false
}

let nowAt = dateFns.getUnixTime(new Date())
let insertData = {ucid, account, email, password_md5: passwordMd5, nickname,
  role, register_type: registerType, avatar_url: avatarUrl, mobile, is_delete: 0,
  create_time: nowAt, update_time: nowAt
}
// 若用户已存在就直接更新
let existUserByAccount = await getByAccount(account)

// 检查account
if (_.isEmpty(existUserByAccount) === false) {
  if (existUserByAccount.is_delete) {
    let updateResult = await update(existUserByAccount.ucid, insertData)
    return updateResult
  } else {
    return true
  }
}
let insertResult = await Knex
  .returning('id')
  .insert(insertData)
  .into(tableName)
  .catch(e => { return [] })
let insertId = _.get(insertResult, [0], 0)
return insertId > 0
}
```

在代码清单 6-7 中，注册函数有两个参数，一个是登录账号（account），另一个是个人相关信息（userInfo），其中登录账号是唯一标识，这里主要介绍一下 role、registerType 和 passwordMd5。

- role 是账号的角色权限标识，在项目中权限主要分为下面两种。
    - admin：拥有所有项目的权限，也就是管理员权限。
    - dev：只有个人所在项目的权限，项目与 dev 的联系存储在另一张"项目—用户"关联表中。
- registerType 主要是注册类型，也就是用户注册来源，一部分是通过公司内部邮箱注册，另一部分是用站点本身的注册功能注册的，用来区分内部和外部员工。

- passwordMd5 其实就是密码字段，但是密码做了一下 md5 运算，主要是害怕数据库被破解，以及数据库研发人员操作时泄露密码。

添加用户已经介绍完毕，下一节主要介绍用户的删除和更改。

6.2.4 删、改

对于用户表来说，有用户的添加操作就一定有用户的删除和修改操作。为什么要把用户的删除和修改放到一起讲呢，这是因为删除操作理论上也是修改操作，只不过修改的是用户的 is_delete 这个值。代码清单 6-8 给出了用户删除和修改功能。

代码清单 6-8　用户删除和修改功能

```
/**
 * 更新记录
 * @param {number} id
 * @param {object} rawUpdateData = {}
 */
async function update (ucid, rawUpdateData) {
  let nowAt = dateFns.getUnixTime(new Date())

  let updateRecord = {}
  for (let key of [
    'email',
    'password_md5',
    'nickname',
    'role',
    'register_type',
    'avatar_url',
    'mobile',
    'is_delete'
  ]) {
    if (_.has(rawUpdateData, [key])) {
      updateRecord[key] = rawUpdateData[key]
    }
  }

  updateRecord['update_time'] = nowAt
  const tableName = getTableName()
  const affectRows = await Knex(tableName)
    .update(updateRecord)
    .where('ucid', ucid)
  return affectRows > 0
}
```

在代码清单 6-8 中，update 函数就是更改用户信息的函数。它有两个参数,一个是需要修改用户信息的用户 id (ucid),另外一个就是要修改的数据 (rawUpdateData)。在函数最后通过 Knex 库把更改的数据写入了 MySQL 数据库,如果我们要注销这个用户,也就是删除这个用户,就在 rawUpdateData 中加上 is_delete:true 这个参数对象,这时这个用户在列表中就不展示了。

6.2.5 查

查询应该是针对用户表最常用的操作了,比如登录之后的头像、用户名的显示都要用到查询。在用户的查询阶段,监控平台提供了两个函数方便研发人员查询用户数据,具体代码如代码清单 6-9 所示。

代码清单6-9 用户查询操作

```
/**
 * 获取用户信息
 * @param {String} ucid
 */
async function get (ucid) {
  const tableName = getTableName()

  const result = await Knex
    .select(TABLE_COLUMN)
    .from(tableName)
    .where('ucid', ucid)
  let user = _.get(result, [0], {})
  return user
}

/**
 * 根据账户获取用户信息
 * @param {String} account
 * @return {Object}
 */
async function getByAccount (account) {
  const tableName = getTableName()

  const result = await Knex
    .select(TABLE_COLUMN)
    .from(tableName)
    .where('account', account)
  let user = _.get(result, [0], {})
  return user
}
```

代码清单 6-9 中之所以提供两个操作是因为大多数情况下查询要根据 ucid 来进行,根据 ucid 查询的原因一方面是因为 ucid 是用户在数据库表里的唯一标识,另一方面是因为 ucid 在数据库表中设置了索引，查询速度更快。由于查询是数据库操作频率最高的，因此查询性能显得尤为重要。当我们知道 ucid 的时候，可以使用代码清单 6-9 中的 get 函数，也可以使用 getByAccount 函数，它的使用场景虽然不频繁，但是当我们不知道用户的 ucid 的时候会有很大的作用，毕竟 ucid 没有什么具体含义，相比于手机号、用户名称等这些有具体含义的字段，不容易被用户记住，这时技术人员就需要 getByAccount 这个函数来辅助查询用户信息。

至此，已经介绍完用户相关的接口所需数据的获取，下一节我们会介绍数据接口的依赖数据是如何从数据库获取出来的。

6.2.6 数据接口的依赖数据获取

监控平台功能上最核心的就是错误类型数据、设备相关环境数据以及性能相关数据的展示，本节我们以 3 个数据获取实例给大家讲解一下。

在错误数据的获取中，我们需要把数据获取流程分为 3 步来操作。

（1）查询错误的总体数据，也就是对应时间内，特定项目的报错记录，但是错误的字段很少，只有 id 以及该条错误出现的时间点（方便我们以时间维度进行检索）和 monitor_ext_id（错误拓展信息 id）。

（2）根据 monitor_ext_id 前往 monitor_ext 错误详细信息表中获取报错的细节信息，包括 IP、错误栈、机型、浏览器版本、站点来源信息等。

（3）将相关数据组装到一起，以格式化的方式进行输出。数据组装的完整流程如图 6-5 所示。

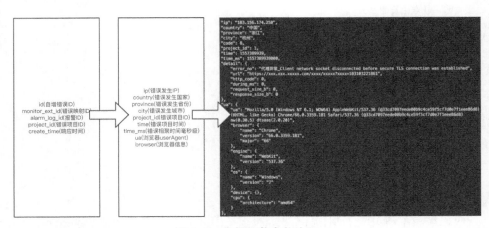

图 6-5　数据组装完整流程

由于本功能重复逻辑代码较多，且大多为字段获取的代码，因此在此仅附上关键代码，如代码清单 6-10 所示。在这一代码清单中，有几个关键变量的含义需要介绍：extendRecordList 为扩展信息记录列表，rawRecordList 为原始记录列表，recordList 为最终返回给前端接口拼装之后的结果数据。

代码清单6-10　拼装错误数据

```
let extendLogIdList = []
  let createAt = 0
  if (rawRecordList.length === 0) return []
  for (let rawRecord of rawRecordList) {
    let extendRecordId = _.get(rawRecord, ['monitor_ext_id'], 0)
    // 所有记录一定在同一张扩展表里
    createAt = _.get(rawRecord, ['create_time'], 0)
    extendLogIdList.push(extendRecordId)
  }
  // 补全扩展信息
  let extendRecordList = await MMonitorExt.getRecordListByIdList(projectId, createAt, extendLogIdList)
  let extendRecordMap = {}
  for (let extendRecord of extendRecordList) {
    let extJson = _.get(extendRecord, ['ext_json'], '{}')
    let extId = _.get(extendRecord, ['id'], '{}')
    let ext = {}
    try {
      ext = JSON.parse(extJson)
    } catch (e) {
      ext = {}
    }
    extendRecordMap[extId] = ext
  }

  // 填充到数据里
  let recordList = []
  for (let rawRecord of rawRecordList) {
    let extendRecordId = _.get(rawRecord, ['monitor_ext_id'], 0)
    let extendRecord = _.get(extendRecordMap, [extendRecordId], {})
    rawRecord['ext'] = extendRecord
    let record = {
      ...rawRecord
    }
    recordList.push(record)
  }
```

相较于错误数据的获取，设备环境数据和性能数据的数据获取方式看起来就简单一些，因为设备环境数据和性能数据仅仅是把我们收集的数据展示出来就可以，我们在执行 Summary 指令的时候已经把相应的环境分布数据和性能数据存储到了 MySQL 中以备查询。

代码清单 6-11 展示的是浏览器设备数据查询的代码，代码中查询的是浏览器列表中某个项目的浏览器类型以及对应的版本情况。代码清单 6-11 中 getBrowserList 方法的 req 参数中有两个重要参数，即 projectId 和 month，前者表示要查询项目的 ID，后者表示要查询到第几月，根据这两个参数就能把当前月到特定月份设备的使用状况查询出来。

代码清单6-11　浏览器设备数据查询

```
let getBrowserList = RouterConfigBuilder.routerConfigBuilder('/api/browser/list',
RouterConfigBuilder.METHOD_TYPE_GET, async (req, res) => {
  try {
    let tableName = 't_r_system_browser'
    let currentMonth = moment().format(DATE_FORMAT.DATABASE_BY_MONTH)
    let month = _.get(req, ['query', 'month'], currentMonth)
    const projectId = _.get(req, ['fee', 'project', 'projectId'], 0)

    let browserRecordParams = {
      tableName: tableName,
      distinctName: 'browser',
      where: {
        count_at_month: month,
        project_id: projectId
      }
    }

    let browserRecordList = await CModel.getDistinct(browserRecordParams)

    let result = []
    for (let browserRecord of browserRecordList) {
      result.push(browserRecord.browser)
    }

    res.send(API_RES.showResult(result))
  } catch (err) {
    res.send(API_RES.showError(err.message))
  }
})
```

与代码清单 6-11 浏览器设备数据查询相比，性能数据的获取维度可能更多样化一点，比如有按照指定时间范围内的城市划分、按照页面地址划分性能、有整站性能平均值等。代码清单 6-12 展示的就是按照指定时间范围内的城市划分这个维度来进行数据拼接的。整体逻辑是，先获得某项目所有的性能记录，然后把 rawRecordList 的数据通过 MCityDistribution.getCityDistributionRecord 方法对城市进行分类，最终返回分类后的结果。

代码清单6-12　性能数据展示

```
/**
 * 获取指定时间范围内的按城市分布的性能指标
 * @param {*} projectId
 * @param {*} startAt
 * @param {*} endAt
 * @param {*} countType
 * @returns {Object}
 */
async function getCityDistributeInRange (projectId, urlList, indicatorList,
startAt, endAt, countType = DATE_FORMAT.UNIT.MINUTE) {
  let cityDistributeTotal = {}
  // UV记录表按月分表，因此需要分月计算总UV
  let rawRecordList = await getList(projectId, startAt, endAt, { urlList,
indicatorList }, countType)
  for (let rawRecord of rawRecordList) {
    let cityDistributeId = _.get(rawRecord, ['city_distribute_id'], 0)
    let recordCreateAt = _.get(rawRecord, ['create_time'], 0)
    if (_.isEmpty(rawRecord) || cityDistributeId === 0) {
      continue
    }
    let cityDistributeItem = await
MCityDistribution.getCityDistributionRecord
(cityDistributeId, projectId, recordCreateAt)
    cityDistributeTotal = MCityDistribution.mergeDistributionData(
      cityDistributeItem,
      cityDistributeTotal,
      (cityDataItem, cityDataTotal) => {
        let result = {}
        for (let key of Object.keys(cityDataItem)) {
          result[key] = cityDataItem[key] + cityDataTotal[key]
        }
        return result
      })
  }
  return cityDistributeTotal
}
```

至此，关于错误数据、设备环境数据、性能数据的获取方式都演示了一遍，每一种数据至少都演示了一种获取形式。下一节将介绍前后端交互的关键点——接口。

6.3　服务器接口

本节主要介绍的是监控平台的接口部分，首先会介绍一下服务器路由以及接口的含义，然后从登录相关接口、错误相关接口、报警相关接口、性能相关接口4个部分来给读者讲解接口是如何编写的。

6.3.1 路由

说到路由，开发者首先想到的应该是在开发前端界面时地址栏中 URL 映射的具体前端界面，但是此路由（服务器路由）非彼路由（前端传统意义上的地址栏 URL 映射关系），我们所说的 Express 路由是指当前端对一个 URL 发出请求时，服务器端给予的数据回应，当然数据回应可能是某个字符串、某个方法、一段视频甚至一个 HTML 文档，把这些服务器反馈数据管理、组合起来的系统以及相关规范称为服务器端路由。我们把路由的数据反馈分为两种，一种是文档类型（HTML 文档），另一种是字符类型。

文档类型（HTML 文档）多用于处理登录状态的跳转或者同步数据的获取。在代码清单 6-13 中，事件通过 express 的 Router 函数创建了两个路由对象，当用户访问项目根路径时，该路径的处理逻辑为 loginCommonRouter 路由。

代码清单6-13　登录路由初始化

```
import express from 'express'
// 不需要登录
const withoutLoginRouter = express.Router()
// 需要登录
const loginRouter = express.Router()
// 测试路由
const testRouter = express.Router()

loginRouter.use('/', loginCommonRouter)
loginRouter.use('/project/:id', loginProjectRouter)
loginRouter.use('/test', testRouter)
```

具体路由可以对请求访问对应的 URL 进行二次处理，其中最主要的处理方法有两个，一个是 send，另一个就是 render，如代码清单 6-14 所示。

代码清单6-14　testRouter路由初始化

```
var express = require('express');
var router = express.Router();

router.get('/index.html', function(req, res, next) {
  res.render('index', { title: 'Express' });
});
```

```
router.get('/interface', function(req, res, next) {
  res.send({ title: 'Express' })
});
```

代码清单 6-14 描述的是 testRouter 路由的具体代码，对应地我们可以看一下 testRouter 路由中对于 send 函数和 render 函数的不同处理，render 函数通常情况下是给对应的路由返回一个 HTML 文档，并且可以跟文档同步返回一些变量。比如代码清单 6-14 中就是一个叫作 index 的文档模板，并且以同步的方式返回了一组 Json 数据 {title : 'Express'}。通常情况下，文档模板的引擎使用 EJS 引擎。

send 函数通常情况下用作字符数据的传递，比如我们常常用到的 ajax 请求，如果服务器端是 Node.js 服务，返回的数据就是通过 send 来进行返回的。在代码清单 6-14 中，interface 接口返回了一个 Json 对象。

提示

EJS 是"Embedded JavaScript"的缩写，它可以通过嵌入具有 JavaScript 特色的功能来进行 HTML 模板渲染。这可以让你在你的元数据上进行遍历，包含局部视图。

EJS 比较易用，因为它完全兼容 HTML，但又具有额外的功能让你有效地复用你的项目代码块。如果有一个现有的 HTML 项目，你所需做的全部工作就是用 .ejs 扩展名重命名文件，然后你就可以使用 EJS 的特色功能了。

6.3.2 接口

首先需要给接口下一个定义以帮助读者理解接口的含义，前端、移动端或者其他客户端通过网络请求的方式，对服务器的某个特定的 URL 地址进行访问，访问过程可以携带参数，并且服务器提供对应的数据返回结果（返回结果可以是任何资源），服务器提供的这个特定的 URL 地址，以及服务器返回的数据，我们可以称其为服务器的接口。

只给出接口的定义是不够的，代码清单 6-15 展示的就是一个非常简单的接口，这个接口的名称叫 detail，我们可以通过调用 detail 函数来调用这个接口。当然更多情况下，我们是以这个接口所响应的 URL 请求来进行命名的。比如，这个接口的访问路径是 /api/user/detail，开发者通常会称呼这个接口为用户详情接口。

代码清单6-15　获取用户信息接口

```
let detail = RouterConfigBuilder.routerConfigBuilder('/api/user/detail',
RouterConfigBuilder.METHOD_TYPE_GET, async (req, res) => {
  let request = req.query
  let cookieAccount = _.get(req, ['fee', 'user', 'account'], '')
  // 如果没有指定account则返回当前登录用户信息
  let reqAccount = _.get(request, ['account'], cookieAccount)
  let rawUser = await MUser.getByAccount(reqAccount)
  let user = MUser.formatRecord(rawUser)
  res.send(API_RES.showResult(user))
}, false)
```

接下来的 3 节的主要任务就是开发登录、错误和报警的相关接口。读者只需要记住接口的两个特点就可以，一个是与 URL 地址一一对应，另一个是要有具体的返回数据。

6.3.3　登录相关接口

6.3.2 节中介绍了接口，本节重点介绍一下登录相关的接口。在登录的时候分为 4 个步骤进行：

（1）接收登录信息；
（2）验证登录信息；
（3）设置登录 Cookie；
（4）返回登录状态信息给前端。

提示

　　Cookie，有时也用其复数形式 Cookies，指某些网站为了辨别用户身份、进行 session 跟踪而储存在用户本地终端上的数据（通常经过加密）。
　　通常情况下，Cookie 是存储在浏览器上的一小段字符串文本，大小有限制。
　　Firefox 和 Safari 允许 Cookie 的大小多达 4097 字节，包括名（name）、值（value）和等号。
　　Opera 允许 Cookie 的大小多达 4096 字节，包括名（name）、值（value）和等号。
　　Internet Explorer 允许 Cookie 的大小多达 4095 字节，包括名（name）、值（value）和等号。
　　每个域名存储 Cookie 的个数在不同浏览器上也有不同的限制。
　　Microsoft 指出 Internet Explorer8 每个域名存储 Cookie 的个数为 50。
　　Firefox 每个域名存储 Cookie 的个数为 50。

Opera每个域名存储Cookie的个数为30。

个别浏览器没有Cookie限制。但是如果Cookie很多，则会使header大小超过服务器的处理限制，导致错误发生。

代码清单6-16实现的功能是对登录接口返回数据的包装处理，具体操作是在登录接口返回数据之前使用routerConfigBuilder函数进行了一次封装，这次封装主要是对所有的服务器返回异常做一次统一的处理，在返回值中添加了返回信息描述（message）、操作状态码等，所有的接口都会进行这种处理。

代码清单6-16　登录接口包装

```
let normalLogin = RouterConfigBuilder.routerConfigBuilder(
    '/api/login/normal',
    RouterConfigBuilder.METHOD_TYPE_POST,
 async (req, res) => {
    await handleNormalLogin(req, res)
}, false, false)

/**
 *
 * @param {String} url           接口url
 * @param {String} methodType    接口类型，METHOD_TYPE_GET / METHOD_TYPE_POST
 * @param {Function} func        实际controller函数
 * @param {Boolean} needProjectPriv 是否需要项目权限
 * @param {Boolean} needLogin    是否需要登录
 * @param {Object}
 */
function routerConfigBuilder (url = '/', methodType = METHOD_TYPE_GET, func, needProjectPriv = true, needLogin = true) {
  let routerConfig = {}
  routerConfig[url] = {
    methodType,
    func: (req, res, next) => {
      // 封装一层，统一加上catch代码
      return func(req, res, next).catch(e => {
        Logger.error('error.massage =>', e.message, '\nerror.stack =>', e.stack)
        res.status(500).send(API_RES.showError('服务器错误', 10000, e.stack))
      })
    },
    needLogin,
    needProjectPriv
  }
  return routerConfig
}
```

那么实际处理登录的逻辑也就是接收登录信息、验证登录信息、设置登录Cookie、返回登录状态信息给前端。这部分逻辑在代码清单 6-17 中，有一个叫作 handleNormalLogin 的方法，这个方法就是用来处理我们说到的登录时 4 个步骤的问题的。

代码清单6-17　登录判断逻辑

```
const handleNormalLogin = async (req, res) => {
  const body = _.get(req, ['body'], {})
  const account = _.get(body, ['account'], '')
  const password = _.get(body, ['password'], '')

  const rawUser = await MUser.getSiteUserByAccount(account)
  if (_.isEmpty(rawUser) || rawUser.is_delete === 1) {
    res.send(API_RES.showError('未注册'))
    return
  }
  const savePassword = _.get(rawUser, ['password_md5'], '')
  const passwordMd5 = MUser.hash(password)
  if (savePassword === passwordMd5) {
    let nickname = _.get(rawUser, ['nickname'], '')
    let ucid = _.get(rawUser, ['ucid'], '')
    let avatarUrl = _.get(rawUser, ['avatar_url'], MUser.DEFAULT_AVATAR_URL)
    let registerType = _.get(rawUser, ['register_type'], MUser.REGISTER_TYPE_SITE)
    let token = Auth.generateToken(ucid, account, nickname)

    res.cookie('fee_token', token, { maxAge: 100 * 86400 * 1000, httpOnly: false })
    res.cookie('ucid', ucid, { maxAge: 100 * 86400 * 1000, httpOnly: false })
    res.cookie('nickname', nickname, { maxAge: 100 * 86400 * 1000, httpOnly: false })
    res.cookie('account', account, { maxAge: 100 * 86400 * 1000, httpOnly: false })
    res.send(API_RES.showResult({ ucid, nickname, account, avatarUrl, registerType }))
  } else {
    res.send(API_RES.showError('密码错误'))
  }
}
```

代码清单 6-17 中 handleNormalLogin 函数接收了 req 参数带来的登录信息，包括账号（account）和密码（password）。在获取账号之后，首先使用 MUser.getSiteUserByAccount 函数来获取账号信息，校验一下账号是否已经注册了。如果账号没有被注册，就返回"未注册"信息进行提示，如果账号已被注册，就将用户传递来的数据与数据库中存储的密码进行对比。如果相同则获取对应的账号信息，设置对应的 Cookie 来存储用户登录状态，并且在代码最后通过 API_RES.

showResult 函数对获取的信息做一次包装，因为前端开发者在发送接口请求时，期望在接口返回的时候有一些通用的字段来对返回信息进行一些预判定。

代码清单 6-18 就是对返回结果进行了一次封装，后续所有的接口返回结果都会通过类似的方法进行封装。通常情况下，code 为本次操作的操作状态码（主要用来表示本次操作的状态，比如成功、失败、挂起、转发等）。action 为本次操作的动作，通常情况下标记对数据的增、删、改、查。data 是请求返回参数中最重要的，为本次接口返回给前端工程师的数据。msg 为 code 的辅助信息，比如 code 码 414，前端开发者这个时候需要给用户一个友好点儿的提示，但是前端开发者可能不理解 414 的含义，接口可以通过给 msg 设置一些辅助信息，比如，当 code 为 414 的时候，给 msg 赋值用户名错误。这样前端工程师根本不用关心 414 的含义，只需要关注成功的 code 码是多少（通常情况下返回数据成功并且无误的 code 码为 200），直接在前端界面上展示 msg 中的提示文本来提示用户就可以了。

代码清单6-18　返回参数包装

```
function showResult (data, msg = '', code = 0, action = ACTION_TYPE_SUCCESS,
url = '') {
  return {
    code,
    action,
    data,
    msg,
    url
  }
}
```

至此，在用户登录时的 4 个步骤基本都结束了。而登出接口仅仅是在用户请求登出接口的 URL 时根据参数中的用户 id 将对应的 Cookie 清除就可以了，下一节中我们将对错误相关接口进行详细的介绍。

6.3.4　错误相关接口

错误结果的接口获取就相对简单一些，运用我们在 6.2 节中讲到的基础数据查询函数，具体接口相关书写逻辑与登录接口开发基本一致，如代码清单 6-16 所示。代码中 RouterConfigBuilder.routerConfigBuilder 也是同样对异常接口做一次包装，代码最后的 API_RES.showError 函数是对接口返回值进行统一格式化封装。

下面把我们需要的错误相关接口都罗列出来。错误相关接口一共有 5 个，如表 6-2 所示。

表 6-2 错误相关接口

函数名称	函数功能
getErrorLogList	获取错误列表，以时间倒序查询错误数据，主要是监控主要错误界面的错误获取接口
getUrlDistribution	以 URL 分布情况来统计错误数量，其实就是以 url_path 作为 MySQL 的 groupBy 的查询条件
getGeographyDistribution	以地理位置分布情况来统计错误数量，其实就是以 url_path 作为 MySQL 的 groupBy 的查询条件
getErrorDistribution	以错误种类分布情况来统计错误数量，主要是为了集中定位某一类错误

1．getErrorLogList 获取错误接口

代码清单 6-19 给出的是 getErrorLogList 接口，在获取接口的时候，我们需要把想要检索的错误数据发生的时间、所属项目、具体错误的 URL 等信息提取出来，最后附加上页码信息（因为数据量巨大，所以采用分页处理）。然后会对数据库进行两次查询，一次是查询错误总数 errorCount，另一次是错误数组 errorList。

代码清单6-19　返回参数包装

```
let getErrorLogList = RouterConfigBuilder.routerConfigBuilder('/api/error/log/
list', RouterConfigBuilder.METHOD_TYPE_GET, async (req, res) => {
  let parseResult = parseQueryParam(req)
  let {
    projectId,
    errorNameList,
    startAt,
    endAt,
    url,
    currentPage
  } = parseResult
  const offset = (currentPage - 1) * PAGE_SIZE

  let errorCount = await MMonitor.getTotalCountByConditionInSameMonth(project
Id, startAt, endAt, offset, PAGE_SIZE, errorNameList, url)
  let errorList = await MMonitor.getListByConditionInSameMonth(projectId,
startAt, endAt, offset, PAGE_SIZE, errorNameList, url)

  let pageData = {
    pager: {
      current_page: currentPage,
      page_size: PAGE_SIZE,
      total: errorCount
    },
```

```
    list: errorList
  }
  res.send(API_RES.showResult(pageData))
})
```

在接口完成之后,请求对应接口的时候就可以看到图 6-6 所示的内容。接口的最外层是代码清单 6-16 描述的包装的返回参数,内部是我们拼装的返回数据,前端可以使用外部包装的 action 属性值来判断本次的接口请求是否成功,当然也可以使用具体的 code 来区分更详细的状态。data 中的数据是提供给前端展示使用的数据,在本次接口访问中,返回数据中的 data 字段的含义是需要展示给前端的错误列表,并且 data 字段中还包括对应错误出现的次数。

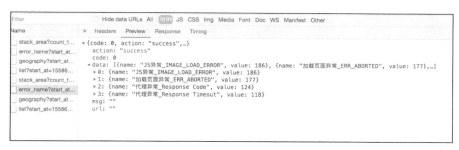

图 6-6 请求对应接口时的内容

2. getUrlDistribution 获取错误接口

刚刚介绍了最基础的错误列表接口,接下来让我们通过另一种维度来定义接口,比如按照 URL 来检索错误,这个功能主要是在我们发现某个报错信息大量爆发的时候,通过这个错误发生的 URL 查看能否快速定位到错误所发生的页面,进而缩小排查错误的具体范围。

代码清单 6-20 从头至尾详细表述了这个接口功能的实现过程。

代码清单6-20 按地址分类方式获取报错信息

```
let getUrlDistribution = RouterConfigBuilder.routerConfigBuilder('/api/error/
distribution/url', RouterConfigBuilder.METHOD_TYPE_GET, async (req, res) => {
  let parseResult = parseQueryParam(req)
  let {
    projectId,
    startAt,
    endAt,
    errorNameList
```

```
  } = parseResult
  let countType = DATE_FORMAT.UNIT.DAY

  let rawDistributionList = await MErrorSummary.getUrlPathDistribution ListByError
NameList(projectId, startAt, endAt, errorNameList, countType, MAX_URL)
  let distributionList = []
  for (let rawDistribution of rawDistributionList) {
    let { url_path: url, error_count: errorCount } = rawDistribution
    let record = {
      name: url,
      value: errorCount
    }
    distributionList.push(record)
  }
  res.send(API_RES.showResult(distributionList))
})
```

在 /api/error/distribution/url 接口中，这个接口方法的参数分别是项目 id、错误发生的具体时间段以及要查询的错误列表（我们想要同时查询多个错误），然后执行了 getUrlPathDistributionListByErrorNameList 方法来做具体的查询，最后通过返回参数的包装将查询记录返回给前端。那么 getUrlPathDistributionListByErrorNameList 到底是如何查询的呢，接下来让我们观察代码清单 6-21。

代码清单6-21　按URL地址查询MYSQL数据

```
async function getUrlPathDistributionListByErrorNameList
(projectId, startAt, endAt, errorNameList, countType, max = 10) {
  const tableName = getTableName(projectId, startAt)
  let countAtTimeList = DatabaseUtil.getDatabaseTimeList(startAt, endAt,
countType)
  let rawRecordList = await Knex
    .select('url_path')
    .sum('error_count as total_count')
    .from(tableName)
    .where('count_type', countType)
    .whereIn('error_name', errorNameList)
    .whereIn('count_at_time', countAtTimeList)
    .groupBy('url_path')
    .orderBy('total_count', 'desc')
    .limit(max)
    .catch(err => {
      Logger.error(err.message)
      return []
    })
  let recordList = []
  for (let rawRecord of rawRecordList) {
    let urlPath = _.get(rawRecord, ['url_path'], '')
    let errorCount = _.get(rawRecord, ['total_count'], 0)
```

```
    let record = {
      url_path: urlPath,
      error_count: errorCount
    }
    recordList.push(record)
  }
  return recordList
}
```

在代码清单 6-21 中，我们看到在 getUrlPathDistributionListByErrorNameList 中主要实现了两部分功能，第一部分是依赖接口参数对 MySQL 数据进行了一次相关数据查询，第二部分是返回外部数据的包装。这里我们要着重介绍一下这个 SQL 语句，首先我们查询出来的内容只有 url_path，其满足以下 3 个条件。

（1）查询 countType 必须符合传入参数。
（2）查询 error_name 必须在传入的 errorNameList 数组中出现。
（3）查询 count_at_time 必须在传入的 countAtTimeList 数组中出现。

countType 控制错误种类，errorNameList 控制错误具体分类名称，countAtTimeList 控制错误发生的具体时间段。然后通过 limit 限定查询的最大结果集，以 url_path 作为查询的 groupBy，因为要查看的内容是按照 url_path 作为维度划分的。具体接口的返回结果如图 6-7 所示。返回结果中包含一个对象数组，里面有每个 URL 对应的错误数。

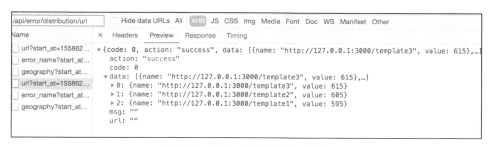

图 6-7　URL 分类错误接口返回

接口展示部分数据的展示结果如图 6-8 所示，左侧展示的列表就是根据返回的数据渲染出来的，右侧展示的依据 URL 所渲染的错误堆叠图其实就是代码清单 6-19 中的 getErrorLogList 方法返回的。

3．getGeographyDistribution 获取错误接口

接下来我们按照地理位置来进行数据分组。大多数情况下，我们都想知道具

体的错误发生在哪些城市，因为有些错误并不是我们的问题，很有可能是网络问题，而且我们也不可能 24 小时盯着运营商的服务状态，所以在用户报错之后，定位用户所出问题的省变得尤为重要。

图 6-8　接口展示部分数据的展示结果

2014 年世界杯期间，我在百度做的海外世界杯项目发生过一次突发情况：在项目上线之后，突然线上某国暴发大面积响应超时，并且部分地区出现资源加载不出来的情况。幸好当地运营反馈信息比较及时，否则我们可能会回滚线上功能。

那么我们要如何判断这种地理位置引发的问题呢？接下来让我们观察代码清单 6-22。

代码清单6-22　按地理位置获取错误

```
let getGeographyDistribution = RouterConfigBuilder.routerConfig Builder('/api/
error/distribution/geography', RouterConfigBuilder.METHOD_TYPE_GET, async (req,
res) => {
  let parseResult = parseQueryParam(req)
  let {
    projectId,
    startAt,
    endAt,
    url,
    errorNameList
  } = parseResult

  let countType = DATE_FORMAT.UNIT.DAY
```

```
const rawRecordList = await MErrorSummary.getList(projectId, startAt, endAt,
countType, errorNameList, url)
let resultList = []
let distributionMap = {}

for (let rawRecord of rawRecordList) {
  let cityDistribution = _.get(rawRecord, ['city_distribution'], {})
  // 按省进行统计
  for (let country of Object.keys(cityDistribution)) {
    let provinceMap = _.get(cityDistribution, [country], {})
    for (let province of Object.keys(provinceMap)) {
      let cityMap = _.get(provinceMap, [province], {})
      for (let city of Object.keys(cityMap)) {
        let errorCount = _.get(cityMap, [city], 0)
        if (_.has(distributionMap, [province])) {
          distributionMap[province] = distributionMap[province] + errorCount
        } else {
          distributionMap[province] = errorCount
        }
      }
    }
  }
}
// 只显示国内的省
for (let province of PROVINCE_LIST) {
  let errorCount = _.get(distributionMap, [province], 0)
  resultList.push({
    name: province,
    value: errorCount
  })
}
resultList.sort((a, b) => b['value'] - a['value'])
res.send(API_RES.showResult(resultList))
})
```

如代码清单 6-22 所示，rawRecordList 函数为错误的原始记录，该函数通过对物理地址（省、市、区）的划分，用计数的方式统计特定省的错误。举个例子，假如某个错误在黑龙江、河南、山西、河北出现了，那么这个函数返回的结果可能就是 ["黑龙江"：131，"河北"：31，"山西"：11，"河北"：23] 这种类型的数据。

4. getErrorDistribution 获取错误接口

代码清单 6-23 展示的是 getErrorDistribution 接口，按照错误类型来划分其实并不复杂，把特定时间段也就是 6-23 代码清单中 startAt（开始时间）到 endAt（结束时间）中出现的错误先从数据库查询出来，然后再做分类聚合就可以，但是，聚合操作太耗费时间，尤其是在数据较多的情况下聚合。在代码清单 6-23 中，

getErrorNameDistributionByTimeWithCache 方法利用 Redis 缓存帮助开发者解决了这个问题，这里用 Redis 缓存存储了一天的聚合数据，大大减少了按错误分类展示数据接口的响应时间。

代码清单6-23　按错误分类展示错误

```
let getErrorDistribution = RouterConfigBuilder.routerConfigBuilder('/api/error/
distribution/summary', RouterConfigBuilder.METHOD_TYPE_GET, async (req, res)
=> {
  const projectId = _.get(req, ['fee', 'project', 'projectId'], 0)
  let {
    startAt,
    endAt
  } = parseQueryParam(req)
  startAt = moment.unix(startAt).startOf(DATE_FORMAT.UNIT.DAY).unix()
  endAt = moment.unix(endAt).endOf(DATE_FORMAT.UNIT.DAY).unix()

  let errorList = await MErrorSummary.getErrorNameDistributionByTimeWithCache
(projectId, startAt, endAt)
  res.send(API_RES.showResult(errorList))
})
/**
 * 从缓存中获取最近指定时间范围内的错误数分布，缓存不存在则重新查询
 * @param {*} projectId
 * @param {*} forceUpdate 是否强制更新缓存
 */
async function getErrorNameDistributionByTimeWithCache (projectId, startAt,
endAt, forceUpdate = false) {
  let distributionList = []
  let distributionMap = {}
  for (let timeAt = startAt; timeAt <= endAt; timeAt += 86400) {
    let key = getRedisKey(REDIS_KEY_ERROR_NAME_DISTRIBUTION_CACHE, projectId,
timeAt)
    let redisDistributionList = await redis.asyncGet(key)

    if (_.isEmpty(redisDistributionList) || forceUpdate) {
      redisDistributionList = await getErrorNameDistributionInSameMonth(projectId,
moment.unix(timeAt).startOf('day').unix(), moment.unix(timeAt).endOf('day').unix())
      await redis.asyncSetex(key, 86400, redisDistributionList)
    }
    for (let redisDistribution of redisDistributionList) {
      let errorName = _.get(redisDistribution, ['error_name'], '')
      let errorCount = _.get(redisDistribution, ['error_count'], 0)
      let oldCount = _.get(distributionMap, [errorName], 0)
      _.set(distributionMap, [errorName], oldCount + errorCount)
    }
  }
  for (let errorName of Object.keys(distributionMap)) {
    distributionList.push({
```

```
            error_name: errorName,
            error_count: _.get(distributionMap, [errorName], 0)
        })
    }
    return distributionList
}
```

6.3.5 报警相关接口

报警接口分为两大类，一类是报警设置的接口，另一类是触发报警的接口，本节先介绍设置报警的接口，其实设置相关报警的工作主要就是对于报警表的增、删、改、查工作。既然是增、删、改、查，我们还是有必要将对应的数据库表结构设计展示给大家，具体如表 6-3 所示。

表6-3 报警数据库表结构

列	类型	注释
id	bigint(20) unsigned	唯一标识
project_id	bigint(20) unsigned[0]	要报警项目 id
owner_ucid	varchar(20)[]	项目所有人 id
type	varchar(20)[error]	监控类型：error是错误，perf是性能
error_type	varchar(20)[]	报警错误类型
error_name	varchar(255)[]	要报警错误名称
error_filter_list	varchar(255)[]	报警过滤掉的字段，用","分割
url	varchar(255)[]	监控的URL，可能为空
time_range_s	int(20) unsigned[0]	报警时间范围_秒
max_error_count	int(20) unsigned[0]	报警错误数阈值
alarm_interval_s	bigint(20) unsigned[0]	报警时间间隔_秒
is_enable	tinyint(1) unsigned[1]	是否开启本条报警配置（1表示是,0表示否）
note	varchar(255)[]	配置说明
is_delete	tinyint(1) unsigned[0]	是否删除（1表示是,0表示否）
create_ucid	varchar(20)[]	创建此记录的人
update_ucid	varchar(20)[]	更新此记录的人
create_time	bigint(20) unsigned[0]	创建此记录的时间
update_time	bigint(20) unsigned[0]	更新此记录的时间

如果要设置报警，还有一些辅助可用来设置报警接口（比如，获取所有的错误名称列表），我们梳理了一下，至少需要表 6-4 所示的 6 个接口。

表6-4 报警相关接口

数据库操作函数	实际功能
insertAlarmConfig	插入一条新报警，参数中包括报警名称、睡眠时间、报警时间、报警阈值
getOneAlarmConfig	获取单条报警配置，主要是在修改某条报警的时候使用
getAllAlarmConfig	获取所有报警配置，主要是在浏览报警的时候使用
deleteOneAlarmConfig	删除某一条报警配置，只需要一个报警id作为参数即可
updateOneAlarmConfig	更改某一条报警配置，同样需要报警id作为参数
getErrorNameList	获取所有的错误名称列表，主要是在配置报警功能的时候的辅助接口

接下来，我们会把每个方法都介绍一遍。在此之前，我们先介绍一下一个报警中都有哪些数据，也就是说，报警数据库配置表中，一条数据都包含哪些字段。它们分别是：

- projectId：报警项目 id；
- ownerUcid：报警配置创建人 id；
- errorName：项目报警名称；
- timeRange：报警时间范围，主要用来表述多长时间内触发报警的时间值，单位为毫秒；
- maxErrorCount：配合 timeRange 使用，timeRange 控制报警时间，maxErrorCount 控制错误出现的上限，一旦一个类型的错误在 timeRange 时间内的报错次数超过了 maxErrorCount 设置的值，就触发报警；
- alarmInterval：睡眠时间，频繁报警会影响到报警体验和警示性，如果多个报警交叉报警，有些报警可能会被开发者忽略，所以加入睡眠时间，在第一次报警后，alarmInterval 时间内不会触发第二次，单位为毫秒（ms）。

首先介绍 insertAlarmConfig 接口，该接口可以新建一个报警配置。如代码清单 6-24 所示，报警设置的接口路由地址为 /api/alarm/config/add，在通过这个路由地址获取到请求后，会从请求的 req 中获取到项目的 id 等相关的所有报警配置项，然后把对应的报警数据入库。

代码清单6-24 添加报警的接口

```
const insertAlarmConfig = RouterConfigBuilder.routerConfigBuilder('/api/alarm/config/
add', RouterConfigBuilder.METHOD_TYPE_POST, async (req, res) => {
  const body = _.get(req, ['body'], {})
  const projectId = _.get(req, ['fee', 'project', 'projectId'], 1)
  const ownerUcid = _.get(body, ['ownerUcid'], '0')
  let errorName = _.get(body, ['errorName'], '')
  let timeRange = parseInt(_.get(body, ['timeRange'], 0))
  const maxErrorCount = parseInt(_.get(body, ['maxErrorCount'], 10000))
  const alarmInterval = parseInt(_.get(body, ['alarmInterval'], 0))
  const isEnable = parseInt(_.get(body, ['isEnable'], 1))
  const note = _.get(body, ['note'], '')
  const createUcid = _.get(req, ['fee', 'user', 'ucid'], 0)
  const updateUcid = createUcid
  if (errorType === '') {
    res.send(API_RES.showError('错误类型不能为空'))
    return
  }
  if (errorName === '') {
    errorName = '*'
  }
  if (
    _.isInteger(timeRange) === false ||
    _.isInteger(maxErrorCount) === false ||
    _.isInteger(alarmInterval) === false ||
    _.isInteger(isEnable) === false
  ) {
    res.send(API_RES.showError('请输入正确的数据格式'))
    return
  }
  let insertData = {
    project_id: projectId,
    owner_ucid: ownerUcid,
    error_type: errorType,
    error_name: errorName,
    time_range_s: timeRange,
    max_error_count: maxErrorCount,
    alarm_interval_s: alarmInterval,
    is_enable: isEnable,
    note,
    create_ucid: createUcid,
    update_ucid: updateUcid
  }
  let isSuccess = await MAlarmConfig.add(insertData)
  if (isSuccess) {
    res.send(API_RES.showResult([], '添加成功'))
  } else {
    res.send(API_RES.showError('添加失败'))
  }
})
```

接下来，我们将介绍 getOneAlarmConfig 接口。常规场景下，当报警的使用者要修改一条报警配置的时候，第一步是要获取这个报警配置的信息，然后更改对应的设置，再保存起来。getOneAlarmConfig 函数就是获取单条报警配置的方法，如代码清单 6-25 所示。在监控平台的操作界面中，实际上我们能看到报警配置的列表，列表中已经包含了对应报警的 ID，getOneAlarmConfig 函数就是通过这个 ID 获取对应报警详细信息的函数。

代码清单6-25　获取一条报警配置的接口

```
let getOneAlarmConfig = RouterConfigBuilder.routerConfigBuilder('/api/alarm/config/
query', RouterConfigBuilder.METHOD_TYPE_GET, async (req, res) => {
  let query = _.get(req, ['query'], {})
  let id = parseInt(_.get(query, ['id'], 0))

  if (_.isInteger(id) === false) {
    res.send(API_RES.showError('请输入正确格式的数据'))
    return
  }
  const rawRecord = await MAlarmConfig.query(id)
  const record = MAlarmConfig.formatRecord(rawRecord)

  res.send(API_RES.showResult(record))
})
```

其实，在代码清单 6-25 中只有 MAlarmConfig.query 这个函数是最关键的。而 getOneAlarmConfig 只判断一下从接口传入的报警配置 id 是否合法。让我们看一下 MAlarmConfig.query 到底做了些什么。代码清单 6-26 中的 query 方法就是 MAlarmConfig.query 方法的具体实现。query 方法具体实现的功能是在报警表中查找对应 id 的报警是否存在，并且在查询的结果中排除了已经删除的配置（不是真正意义上的删除，而是在数据上做了删除标记）。如果对应 id 的报警存在就返回该报警信息，如果不存在就返回空数组，这就是查询一条报警配置的全部实现。

代码清单6-26　报警配置查询数据库操作

```
/**
 * 获取报警平台某个项目的一条报警配置
 * @param {number} id
 */
async function query (id) {
  const tableName = getTableName()

  const result = await Knex
    .select(TABLE_COLUMN)
    .from(tableName)
```

```
    .where('id', id)
    .andWhere('is_delete', 0)
    .catch((err) => {
      Logger.log(err, '=============>获取单个报警配置出错_数据库_query')
      return []
    })
  const record = _.get(result, ['0'], {})
  return record
}
```

接下来是删除一条报警配置的接口 deleteOneAlarmConfig，如代码清单 6-27 所示。它其实主要是废弃完全没有用的报警配置所使用的接口，因为如果是临时不想收到报警，完全可以通过报警配置中的 is_enable 来标记当前报警配置是否处于可用状态。但是，该条报警记录还是会在页面展示，方便下次启动。所谓的删除也不是在数据中的物理删除，而是逻辑删除。

提示

逻辑删除指的是数据在删除之后可以恢复，该删除的实现逻辑是在对应删除记录中加入一条标识标记该数据是否被删除，如果被删除，在返回给用户的记录中，就去掉该条数据，从而得到删除的效果，但是数据只不过是不给用户查看，数据库中依然有被删除的记录，大多数网盘的删除基本上也是逻辑删除，避免用户误操作造成经济损失。

代码清单6-27　删除一条报警配置的接口

```
let deleteOneAlarmConfig = RouterConfigBuilder.routerConfigBuilder('/api/alarm/config/delete', RouterConfigBuilder.METHOD_TYPE_GET, async (req, res) => {
  let id = parseInt(_.get(req, ['query', 'id'], 0))
  let updateUcid = _.get(req, ['fee', 'user', 'ucid'])
  let updateTime = moment().unix()

  if (_.isInteger(id) === false) {
    res.send(API_RES.showError('请输入正确的数据格式'))
    return
  }

  let updateData = {
    is_delete: 1,
    update_ucid: updateUcid,
    update_time: updateTime
  }
  let result = await MAlarmConfig.update(id, updateData)
  if (result === 0) {
```

```
      res.send(API_RES.showError('删除失败'))
    } else {
      res.send(API_RES.showResult([], '删除成功'))
    }
  })
```

图 6-9 所示的启用功能是前面提到的 is_enable 对应的展示界面,如果用户暂时不需要报警但是还想保留对应配置,有了这步操作就方便多了。

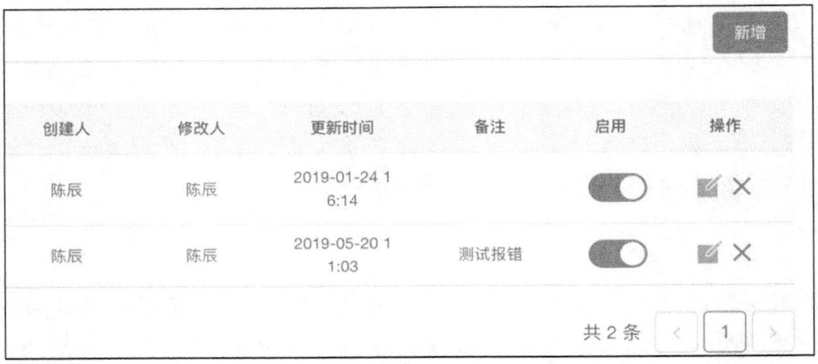

图 6-9 报警配置列表设置界面

图 6-9 中展示的报警配置列表设置界面的数据是依赖 getAllAlarmConfig 函数来获取的,getAllAlarmConfig 函数的主要功能是获取某个项目所有报警设置的列表,MAlarmConfig.getList 是具体查询原始数据的 Knex 语句。getAllAlarmConfig 函数处理的是 /api/alarm/config/list 接口,在接口的参数中,代码清单 6-28 所示的代码获取了 req 参数中的项目 ID(projectId)、当前页数(currentPage)。另外开发者还会设置每页数据的总条数(PAGE_SIZE)用以保证给前端展示的每页的数据量是固定的。

代码清单6-28　查询报警配置接口

```
const getAllAlarmConfig = RouterConfigBuilder.routerConfigBuilder('/api/alarm/
config/list', RouterConfigBuilder.METHOD_TYPE_GET, async (req, res) => {
  const projectId = _.get(req, ['fee', 'project', 'projectId'], 1)
  const currentPage = parseInt(_.get(req, ['query', 'currentPage'], 1))
  const offset = (currentPage - 1) * PAGE_SIZE
  const limit = PAGE_SIZE
  if (_.isInteger(currentPage) === false) {
    res.send(API_RES.showError('请输入正确格式的数据'))
    return
  }

  const result = {
    currentPage,
```

```
    pageSize: PAGE_SIZE
  }
  const rawRecordlist = await MAlarmConfig.getList(projectId, offset, limit)

  // 规整数据，删除不必要的字段
  const recordList = []
  for (let rawRecord of rawRecordlist) {
    const record = MAlarmConfig.formatRecord(rawRecord)
    const errorType = record['error_type']
    const createUcid = record['create_ucid']
    const updateUcid = record['update_ucid']
    const createUser = await MUser.get(createUcid)
    const updateUser = await MUser.get(updateUcid)
    record['error_type_name'] = MMonitor.ERROR_TYPE_MAP[errorType]
    record['create_ucid'] = _.get(createUser, ['nickname'], createUcid)
    record['update_ucid'] = _.get(updateUser, ['nickname'], updateUcid)
    recordList.push(record)
  }

  result.list = recordList
  result.totalCount = await MAlarmConfig.getCount(projectId)
  res.send(API_RES.showResult(result))
})
```

接下来是更改一条报警数据的接口 updateOneAlarmConfig，该接口如代码清单 6-29 所示。修改报警信息这个操作与报警信息删除编码方式类似，进行删除报警配置的时候，实际上是更改了某个报警的 is_enable 属性的值。而更改报警配置操作可能需要同时更改多个值诸如：project_id、owner_ucid、error_type、error_name、time_range_s、max_error_count、alarm_interval_s 等属性。

代码清单6-29　更改报警配置接口

```
let updateOneAlarmConfig = RouterConfigBuilder.routerConfigBuilder('/api/alarm/
config/update', RouterConfigBuilder.METHOD_TYPE_POST, async (req, res) => {
  let body = _.get(req, ['body'], {})
  let id = parseInt(_.get(body, ['id'], 0))
  let updateUcid = _.get(req, ['fee', 'user', 'ucid'])
  let updateData = {
    update_ucid: updateUcid
  }

  if (_.isInteger(id) === false) {
    res.send(API_RES.showError('数据格式不正确'))
  }

  // 不需要转换字段
  for (let column of ['ownerUcid', 'errorName', 'errorType', 'note']) {
```

```
      if (_.has(body, [column])) {
        const underlineName = _.snakeCase(column)
        updateData[underlineName] = _.get(body, [column])
      }
    }
    // 需转为 number 的字段
    for (let column of ['maxErrorCount', 'isEnable']) {
      if (_.has(body, [column])) {
        const integerValue = parseInt(_.get(body, [column]))
        if (_.isInteger(integerValue) === false) {
          res.send(API_RES.showError(`${column}数据格式不正确`))
          return
        }

        const underlineName = _.snakeCase(column)
        updateData[underlineName] = integerValue
      }
    }
    // 需转为 number 的字段，且单位为 s 的字段
    for (let column of ['timeRange', 'alarmInterval']) {
      if (_.has(body, [column])) {
        let integerValue = parseInt(_.get(body, [column]))
        if (_.isInteger(integerValue) === false) {
          res.send(API_RES.showError(`${column}数据格式不正确`))
          return
        }
        if (column === 'alarmInterval' && integerValue < 60) {
          integerValue = 60
        }
        const underlineName = _.snakeCase(column) + '_s'
        updateData[underlineName] = integerValue
      }
    }
    let result = await MAlarmConfig.update(id, updateData)
    if (result === 0) {
      res.send(API_RES.showError('更新失败'))
    } else {
      res.send(API_RES.showResult([], '更新成功'))
    }
  })
```

project_id、owner_ucid、error_type、error_name、time_range_s、max_error_count、alarm_interval_s 这些可被修改的字段的含义已经在表 6-3 中做了详细解释，在此就不做赘述了。代码清单 6-29 除了更改具体的报警参数，还有一个作用就是对传入数据的校验，比如对报警时间间隔做了数字校验，还有一些时间上的转换。而具体的数据库操作主要是依赖 MAlarmConfig.update(id, updateData) 函数，接下来让我们观察一下 MAlarmConfig.update(id, updateData) 的具体实现，如代码清

单 6-30 所示。

代码清单6-30　更改报警配置数据操作

```
async function update (id, updateData) {
  const tableName = getTableName()
  const updateTime = moment().unix()
  let newRecord = {}
  for (let allowColumn of [
    'project_id',
    'owner_ucid',
    'error_type',
    'error_name',
    'time_range_s',
    'max_error_count',
    'alarm_interval_s',
    'is_enable',
    'note',
    'update_ucid',
    'is_delete'
  ]) {
    if (_.has(updateData, [allowColumn])) {
      newRecord[allowColumn] = updateData[allowColumn]
    }
  }
  newRecord = {
    ...newRecord,
    update_time: updateTime
  }
}
```

我们可以回头看一下代码清单 6-27 中的 update 方法，修改和删除调用的 MAlarmConfig.update(id, updateData) 是同一个方法，刚刚也提到报警信息的删除与报警信息的更改差异并不大，主要是因为它们使用的数据库修改函数是同一个，只不过是更改了不同的值。

提示

其实不只是监控平台信息的删除，在大多数业务开发场景中，删除和更改操作都是非常相近的，也包括回收站的操作。将某条数据从回收站中复原的这个操作，本质上就是把删除标记重新复原成初始值。

6.3.6　性能相关接口

在本节中，首先给大家介绍一下性能相关数据涉及的数据库表的结构，如

表 6-5 所示。

表6-5 性能数据库表结构

关键字段	类型	注释
id	unsigned NOT NULL AUTO_INCREMENT COMMENT	记录 id
sum_indicator_value	bigInt(10) NOT NULL DEFAULT	性能指标求和
pv	bigInt(10) NOT NULL DEFAULT [0]	性能指标 pv 数，用于计算平均时长
indicator	varchar(50) NOT NULL DEFAULT	性能指标：DNS 响应时间 /TCP 时间 /404 数量 /etc
url	varchar(255) NOT NULL DEFAULT	性能来源页面 url
city_distribute_id	bigint(20) NOT NULL DEFAULT	城市分布详情记录 id
count_at_time	varchar(20) NOT NULL DEFAULT	统计日期，格式根据统计尺度不同有 4 种可能，minute 为 YYYY-MM-DD_HH:mm, hour 为 YYYY-MM-DD_HH, day 为 YYYY-MM-DD, month 为 YYYY-MM
count_type	varchar(10) NOT NULL DEFAULT	统计尺度（minute/hour/day/month）
create_time	bigint(20) NOT NULL DEFAULT	创建时间
update_time	bigint(20) NOT NULL DEFAULT	更新时间

简单介绍一下几个关键字段的含义，表 6-5 中有 4 个字段对于性能数据来说是非常重要的。

- sum_indicator_value：单位时间内的数据总和，举例说明，3 个人在 3 秒内 DNS 查询总时间是 300 秒，300 就是 sum_indicator_value 的值。
- pv：总人数，上面提到的 sum_indicator_value 的例子，3 个人指的就是 pv 值。sum_indicator_value 和 pv 主要用来求某个类型指标的平均值所依赖的参数。
- indicator：这个字段用来标记当前性能，此字段取值可能是"DNS 响应时间""TCP 时间""404 数量""白屏时间"等。
- url：主要是标记这个数据来源的地址，也就是统计这个性能数据属于哪个页面。

介绍完数据库关键字段后，下面重点介绍一下性能相关接口函数，分别是 urlList、urlOverview 和 lineChartData。这 3 个函数的功能如表 6-6 所示。

表6-6 性能相关接口函数

数据库操作函数	实际功能
urlList	用来提供某时间范围内的 URL 性能列表，因为在查看性能指标的时候会按照页面的 URL 来进行，所以在页面的初始阶段会提供一个接口函数用来获取这些性能指标所归属的 URL 列表
urlOverview	在获取 URL 之后，可以通过此接口提供时间范围内指定 URL 的各项指标均值
lineChartData	在获取 URL 之后，根据对应的时间参数提供参数时间范围内的指定 URL 下所有指标的折线图

接下来我们会对每个接口函数都做一下介绍。第一个要介绍的接口函数是 urlList，如图 6-10 所示，图 6-10 左边的 URL 列表就是 urlList 接口函数返回的数据。

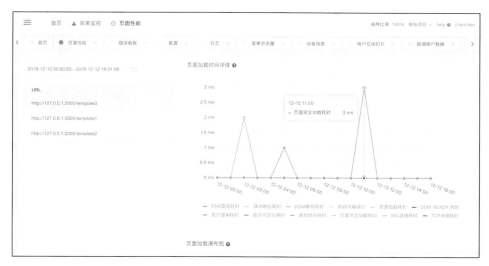

图 6-10 性能 URL 获取界面

urlList 函数的参数为项目 ID，还有对应的数据产生的时间，也就是图 6-10 左上角的时间选取框,而左侧的"http://127.0.0.1:3000/template3"这些测试地址列表就是该接口返回的数据。下面让我们看一下具体的代码是如何编写的,如代码清单 6-31 所示。

代码清单6-31　urlList获取性能地址列表接口

```
/**
 * 提供时间范围内的所有URL列表
 */
let urlList = RouterConfigBuilder.routerConfigBuilder('/api/performance/url_list',
RouterConfigBuilder.METHOD_TYPE_GET, async (req, res) => {
  let projectId = _.get(req, ['fee', 'project', 'projectId'], 0)
  let request = _.get(req, ['query'], {})
  // 获取开始时间和结束时间
  let startAt = _.get(request, ['st'], 0)
  let endAt = _.get(request, ['et'], 0)
  const summaryBy = _.get(request, 'summaryBy', '')
  if (_.includes([DATE_FORMAT.UNIT.DAY, DATE_FORMAT.UNIT.HOUR, DATE_FORMAT.
UNIT.MINUTE], summaryBy) === false) {
    res.send(API_RES.showError('summaryBy参数不正确'))
    return
  }

  const currentStamp = moment().unix()

  if (startAt) {
    startAt = _.floor(startAt / 1000)
  } else {
    startAt = currentStamp
  }
  if (endAt) {
    endAt = _.ceil(endAt / 1000)
  } else {
    endAt = currentStamp
  }
  let urlList = await MPerformance.getDistinctUrlListInRange(projectId,
MPerformance.INDICATOR_TYPE_LIST, startAt, endAt, summaryBy)
  res.send(API_RES.showResult(urlList))
}
)
```

在代码清单 6-31 中,startAt 和 endAt 就是性能 URL 列表的开始时间和结束时间,await MPerformance.getDistinctUrlListInRange 是具体获取数据的函数,在此函数中就用到了 startAt 和 endAt,还用到了 summaryBy 参数(summaryBy 参数的作用是标识用户想以何种时间粒度获取数据,比如可以以秒、分钟、小时为粒度获取）。

接下来，让我们看一下 MPerformance.getDistinctUrlListInRange 是如何操作数据库获取对应的性能 URL 列表的。具体代码如代码清单 6-32 所示，将从外部传递到函数内的数据开始时间 startAt、数据查询结束时间 endAt 作为查询区间，对 URL 做去重查询，然后判断性能指标在预设好的 indicatorList 中。这样获取到的数据就是图 6-10 中左侧的 URL 列表所展示的。

代码清单6-32　urlList获取性能地址数据库操作

```
async function getDistinctUrlListInRange (projectId, indicatorList, startAt,
endAt, countType = DATE_FORMAT.UNIT.MINUTE) {
  let startAtMoment = moment.unix(startAt).startOf(countType)
  let urlList = []
  let tableNameList = DatabaseUtil.getTableNameListInRange(projectId, startAt,
endAt, getTableName)

  let countAtTimeList = []
  // 获取所有可能的countAtTime
  for (let countStartAtMoment = startAtMoment.clone();
countStartAtMoment.unix() < endAt;
countStartAtMoment = countStartAtMoment.clone().add(1, countType)) {
    let formatCountAtTime =
countStartAtMoment.format(DATE_FORMAT.DATABASE_BY_UNIT[countType])
    countAtTimeList.push(formatCountAtTime)
  }
  // 循环查询数据库
  for (let tableName of tableNameList) {
    let rawRecordList = await Knex
      .distinct(['url'])
      .from(tableName)
      .where({
        count_type: countType
      })
      .whereIn('indicator', indicatorList)
      .whereIn('count_at_time', countAtTimeList)
      .catch((e) => {
        Logger.warn('查询失败，错误原因 =>', e)
        return []
      })
    for (let rawRecord of rawRecordList) {
      if (_.has(rawRecord, ['url'])) {
        let url = _.get(rawRecord, ['url'])
        urlList.push(url)
      }
    }
  }
  let distinctUrlList = _.union(urlList)
```

```
    return distinctUrlList
}
```

代码清单 6-32 返回的数据的结构就如图 6-11 所示，data 数据外的数据（如 action："success"，code：0 等）就是 6.3.3 节介绍接口包装时讲过的含义和作用。

```
▼ {code: 0, action: "success",…}
    action: "success"
    code: 0
  ▼ data: ["http://127.0.0.1:3000/template3", "http://127.0.0.1:3000/template1",…]
      0: "http://127.0.0.1:3000/template3"
      1: "http://127.0.0.1:3000/template1"
      2: "http://127.0.0.1:3000/template2"
    msg: ""
    url: ""
```

图 6-11　URL 获取界面

接下来，我们要介绍一下 urlOverview 函数，通过 urlOverview 函数可以获取某特定 URL 下，对应页面加载时各个阶段的平均耗时。那么 urlOverview 函数是如何实现的呢，让我们观察一下代码清单 6-33。

代码清单6-33　urlOverview 各个阶段的平均耗时

```
/**
 * 提供时间范围内指定URL的各项指标均值
 */
let urlOverview = RouterConfigBuilder.routerConfigBuilder('/api/performance/url/overview', RouterConfigBuilder.METHOD_TYPE_GET, async (req, res) => {
  let projectId = _.get(req, ['fee', 'project', 'projectId'], 0)
  let request = _.get(req, ['query'], {})

  // 获取开始时间和结束时间
  let startAt = _.get(request, ['st'], 0)
  let endAt = _.get(request, ['et'], 0)
  let url = _.get(request, ['url'])

  const summaryBy = _.get(request, 'summaryBy', '')
  if (_.includes([DATE_FORMAT.UNIT.DAY, DATE_FORMAT.UNIT.HOUR, DATE_FORMAT.UNIT.MINUTE], summaryBy) === false) {
    res.send(API_RES.showError('summaryBy参数不正确'))
    return
  }

  const currentStamp = moment().unix()

  if (startAt) {
    startAt = _.floor(startAt / 1000)
  } else {
```

```
    startAt = currentStamp
  }
  if (endAt) {
    endAt = _.ceil(endAt / 1000)
  } else {
    endAt = currentStamp
  }
  let overview = await MPerformance.getUrlOverviewInSameMonth(
  projectId, [url], startAt, endAt, summaryBy)

  res.send(API_RES.showResult(overview))
}
)
```

在代码清单 6-33 中,其实只有 3 个关键参数,即 startAt、endAt 和 url。跟前面的 urlList 函数一样,startAt 代表数据区间的开始时间,endAt 代表数据区间的结束时间,而 url 参数是要统计的页面维度。同样,urlOverview 函数也会调用一个底层的数据库操作函数,也就是代码清单 6-33 中函数最后调用的 MPerformance.getUrlOverviewInSameMonth 函数。

代码清单 6-34 中的 getUrlOverviewInSameMonth 函数的功能也是先获取对应时间段中的数据,然后把结果集按照 URL 分组的方式获取出来,但是有一个不一样的地方就是 getUrlOverviewInSameMonth 方法会将对应性能指标的时间(sum_indicator_value)求和,并且也对访问的用户数量(PV)进行求和,这样主要是为了求取平均数。

代码清单6-34 urlOverview各个阶段的平均耗时数据库操作

```
async function getUrlOverviewInSameMonth (projectId, urlList,
startAt, endAt, countType) {
  let startAtMoment = moment.unix(startAt).startOf(countType)
  let overview = {}
  let tableName = getTableName(projectId, startAt)

  let countAtTimeList = []
  // 获取所有可能的countAtTime
  for (let countStartAtMoment = startAtMoment.clone(); countStart AtMoment.unix()
< endAt; countStartAtMoment = countStartAtMoment.clone().add(1, countType)) {
    let formatCountAtTime = countStartAtMoment.format(DATE_FORMAT.DATABASE_
BY_UNIT[countType])
    countAtTimeList.push(formatCountAtTime)
  }

  // 查询数据库
  let rawRecordList = await Knex
```

```
    .select(['url', 'count_type', 'indicator'])
    .sum('sum_indicator_value as total_sum_indicator_value')
    .sum('pv as total_pv')
    .from(tableName)
    .where({
      count_type: countType
    })
    .whereIn('url', urlList)
    .whereIn('count_at_time', countAtTimeList)
    .groupBy([
      'url', 'count_type', 'indicator'
    ])
    .catch((e) => {
      Logger.warn('查询失败, 错误原因 =>', e)
      return []
    })
  let rawOverview = {}
  for (let rawRecord of rawRecordList) {
    let indicator = _.get(rawRecord, ['indicator'], '')
    let totalSumIndicatorValue = _.get(rawRecord, ['total_sum_indicator_
value'], 0)
    let totalPv = _.get(rawRecord, ['total_pv'], 0)
    if (_.has(rawOverview, [indicator])) {
      let oldTotalSumIndicatorValue = _.get(rawOverview, [indicator, 'total_
sum_indicator_value'], 0)
      let oldTotalPv = _.get(rawOverview, [indicator, 'total_pv'], 0)
      _.set(rawOverview, [indicator, 'total_sum_indicator_value'], oldTotalSu
mIndicatorValue + totalSumIndicatorValue)
      _.set(rawOverview, [indicator, 'total_pv'], oldTotalPv + totalPv)
    } else {
      _.set(rawOverview, [indicator, 'total_sum_indicator_value'], totalSumIn
dicatorValue)
      _.set(rawOverview, [indicator, 'total_pv'], totalPv)
    }
  }

  for (let indicator of INDICATOR_TYPE_LIST) {
    if (_.has(rawOverview, [indicator])) {
      let sum = _.get(rawOverview, [indicator, 'total_sum_indicator_value'], 0)
      let pv = _.get(rawOverview, [indicator, 'total_pv'], 0)
      overview[indicator] = parseInt(DatabaseUtil.computePercent(sum, pv, false))
    } else {
      overview[indicator] = 0
    }
  }

  return overview
}
```

让我们看一下性能各个阶段平均耗时接口的数据结构, 如图 6-12 所示。

```
▼{code: 0, action: "success",…}
  action: "success"
  code: 0
▼data: {dns_lookup_ms: 0, tcp_connect_ms: 0, response_request_ms: 1, response_transfer_ms: 0, dom_parse_ms: 0,…}
    dns_lookup_ms: 0
    dom_parse_ms: 0
    dom_ready_ms: 0
    first_render_ms: 2
    first_response_ms: 0
    first_tcp_ms: 0
    load_complete_ms: 2
    load_resource_ms: 2
    response_request_ms: 1
    response_transfer_ms: 0
    ssl_connect_ms: 0
    tcp_connect_ms: 0
  msg: ""
  url: ""
```

图 6-12　性能各个阶段平均耗时接口的数据结构

通过这个接口返回的数据，前端工程师就能把这部分数据渲染成图 6-13 所示的瀑布图，渲染部分的逻辑代码将在第 7 章进行详细的介绍。

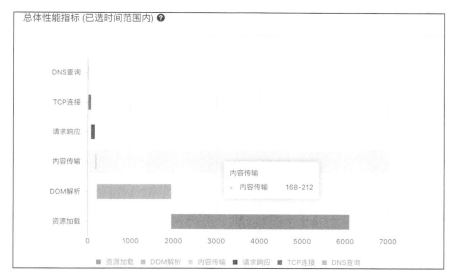

图 6-13　性能各个阶段平均耗时瀑布图

最后介绍的是 lineChartData 函数，lineChartData 主要是用来处理以页面访问日期为横坐标，以各个阶段用户访问的平均耗时为纵坐标所绘制的折线图，下面让我们来观察一下代码清单 6-35。

代码清单6-35　lineChartData各个阶段的平均耗时折线图

```
/**
 * 提供时间范围内的指定URL下所有指标的折线图
 */
```

```javascript
  let lineChartData = RouterConfigBuilder.routerConfigBuilder('/api/performance/
url/line_chart', RouterConfigBuilder.METHOD_TYPE_GET, async (req, res) => {
    let projectId = _.get(req, ['fee', 'project', 'projectId'], 0)
    let request = _.get(req, ['query'], {})
    // 获取开始时间和结束时间
    let startAt = _.get(request, ['st'], 0)
    let endAt = _.get(request, ['et'], 0)
    let url = _.get(request, ['url'], '')

    const summaryBy = _.get(request, 'summaryBy', '')
    if (_.includes([DATE_FORMAT.UNIT.DAY, DATE_FORMAT.UNIT.HOUR, DATE_FORMAT.
UNIT.MINUTE], summaryBy) === false) {
      res.send(API_RES.showError('summaryBy参数不正确'))
      return
    }

    const currentStamp = moment().unix()

    if (startAt) {
      startAt = _.floor(startAt / 1000)
    } else {
      startAt = currentStamp
    }
    if (endAt) {
      endAt = _.ceil(endAt / 1000)
    } else {
      endAt = currentStamp
    }

    let rawResult = {}
    for (let indicator of MPerformance.INDICATOR_TYPE_LIST) {
      let lineChartDataList = await MPerformance.getIndicatorLineChartDataInSam
eMonth(projectId, url, indicator, startAt, endAt, summaryBy)
      // 适配前端数据结构
      for (let record of lineChartDataList) {
        let { index_timestamp_ms: indexTimestampMs, index, value } = record
        _.set(rawResult, [indexTimestampMs, indicator], value)
        _.set(rawResult, [indexTimestampMs, 'index_timestamp_ms'],
indexTimestampMs)
        _.set(rawResult, [indexTimestampMs, 'index'], index)
      }
    }

    let resultList = []
    let timestampMsKeyList = Object.keys(rawResult).sort()
    for (let timestampMsKey of timestampMsKeyList) {
      let record = rawResult[timestampMsKey]
      resultList.push(record)
    }
```

```
        res.send(API_RES.showResult(resultList))
    }
)
```

  lineChartData 函数的具体操作基本与 getUrlOverviewInSameMonth 一致，需要统计开始时间 startAt 和结束时间 endAt，而且同样需要进行时间参数的标准化（转换成秒），以及把数据按照需要统计的 URL 来进行分组。lineChartData 函数跟之前的 urlOverview 函数有一个不同点，就是需要进行数据格式转换，把数据组装成与折线图匹配的数据结构（循环遍历 lineChartDataList 就是用来处理数据结构转换的）。原始数据的获取也是通过一个操作数据库的函数进行的，也就是 MPerformance.getIndicatorLineChartDataInSameMonth 函数，如代码清单 6-36 所示。

代码清单6-36　lineChartData 性能平均耗时折线图数据库操作

```
/**
 * 生成同一月内的指标数据
 * @param {*} projectId
 * @param {*} url
 * @param {*} indicator
 * @param {*} startAt
 * @param {*} endAt
 * @param {*} countType
 */
async function getIndicatorLineChartDataInSameMonth (projectId, url, indicator,
startAt, endAt, countType) {
    let startAtMoment = moment.unix(startAt).startOf(countType)
    let lineChartDataList = []
    let lineChartDataMap = {}
    let tableName = getTableName(projectId, startAt)
    let unixKeyList = []

    let countAtTimeList = []
    // 获取所有可能的 countAtTime
    for (let countStartAtMoment = startAtMoment.clone(); countStartAtMoment.
unix() < endAt; countStartAtMoment = countStartAtMoment.clone().add(1, countType)) {
        let formatCountAtTime = countStartAtMoment.format(DATE_FORMAT.DATABASE_
BY_UNIT[countType])
        countAtTimeList.push(formatCountAtTime)
        // 将来会以时间戳为 key，对数据进行排序
        unixKeyList.push(countStartAtMoment.unix())
    }
    // 查询数据库
    let rawRecordList = await Knex
        .select(['sum_indicator_value', 'pv', 'count_at_time'])
        .from(tableName)
```

```
    .where({
      count_type: countType
    })
    .where('url', url)
    .where('indicator', indicator)
    .whereIn('count_at_time', countAtTimeList)
    .catch((e) => {
      Logger.warn('查询失败, 错误原因 =>', e)
      return []
    })
  for (let rawRecord of rawRecordList) {
    let countAtTime = _.get(rawRecord, ['count_at_time'], 0)
    let sumIndicatorValue = _.get(rawRecord, ['sum_indicator_value'], 0)
    let pv = _.get(rawRecord, ['pv'], 0)
    let recordAt = moment(countAtTime, DATE_FORMAT.DATABASE_BY_UNIT[countType]).unix()
    lineChartDataMap[recordAt] = parseInt(DatabaseUtil.computePercent(sumIndicatorValue, pv, false))
  }
  for (let unixKey of unixKeyList) {
    let result = _.get(lineChartDataMap, [unixKey], 0)
    lineChartDataList.push({
      indicator: indicator,
      index: moment.unix(unixKey).format(DATE_FORMAT.DISPLAY_BY_UNIT[countType]),
      index_timestamp_ms: unixKey * 1000,
      value: result
    })
  }
  return lineChartDataList
}
```

代码清单 6-36 中实现的功能如下，先根据 startAt（数据区间的开始时间）和 endAt（数据区间的结束时间）获取特定时间段的性能平均耗时，然后通过循环把对应的时间点查询出来的数据 Push 到一个数组中，然后再进行一次数据的转换（这次转换是按照前端图形化组件需要的形式对数据进行转换）。具体转换完毕的数据结构如图 6-14 所示。

在服务端返回符合前端折线图组件需要的标准数据后，再对前端界面进行渲染（前端界面渲染部分将会在第 7 章详细介绍）就能看到图 6-10 右侧的性能各阶段折线图了。

至此，关于性能监控相关的接口就介绍完毕。6.3 节主要介绍的就是具体监控的各种功能的服务器接口。

```
▼{code: 0, action: "success",…}
  action: "success"
  code: 0
 ▼data: [{dns_lookup_ms: 0, index_timestamp_ms: 1570464000000, index: "2019-10-08 00", tcp_connect_ms: 0,…},…]
  ▼0: {dns_lookup_ms: 0, index_timestamp_ms: 1570464000000, index: "2019-10-08 00", tcp_connect_ms: 0,…}
     dns_lookup_ms: 0
     dom_parse_ms: 0
     dom_ready_ms: 0
     first_render_ms: 0
     first_response_ms: 0
     first_tcp_ms: 0
     index: "2019-10-08 00"
     index_timestamp_ms: 1570464000000
     load_complete_ms: 0
     load_resource_ms: 0
     response_request_ms: 0
     response_transfer_ms: 0
     ssl_connect_ms: 0
     tcp_connect_ms: 0
  ▶1: {dns_lookup_ms: 0, index_timestamp_ms: 1570467600000, index: "2019-10-08 01", tcp_connect_ms: 0,…}
  ▶2: {dns_lookup_ms: 0, index_timestamp_ms: 1570471200000, index: "2019-10-08 02", tcp_connect_ms: 0,…}
  ▶3: {dns_lookup_ms: 0, index_timestamp_ms: 1570474800000, index: "2019-10-08 03", tcp_connect_ms: 0,…}
  ▶4: {dns_lookup_ms: 0, index_timestamp_ms: 1570478400000, index: "2019-10-08 04", tcp_connect_ms: 0,…}
  ▶5: {dns_lookup_ms: 0, index_timestamp_ms: 1570482000000, index: "2019-10-08 05", tcp_connect_ms: 0,…}
  ▶6: {dns_lookup_ms: 0, index_timestamp_ms: 1570485600000, index: "2019-10-08 06", tcp_connect_ms: 0,…}
  ▶7: {dns_lookup_ms: 0, index_timestamp_ms: 1570489200000, index: "2019-10-08 07", tcp_connect_ms: 0,…}
  ▶8: {dns_lookup_ms: 0, index_timestamp_ms: 1570492800000, index: "2019-10-08 08", tcp_connect_ms: 0,…}
```

图 6-14　性能折线图数据结构

6.4　小结

本章首先介绍了通过 Node.js 平台如何搭建一个 Web 服务器，然后介绍了如何利用 Knex 实现与远程或本地数据库建立连接，以及实现查询功能。最后介绍了接口的实现，包括登录相关接口、错误相关接口、报警相关接口、性能相关接口。

第 7 章

界面展示

无论什么平台，都需要给用户一个可操作、易用的界面，我们搭建的前端监控平台也不例外。在阅读此章之前，需要读者充分掌握 Vue 框架和 Webpack 工程化脚手架。因篇幅所限，本书不会从零开始介绍 Vue 和 Webpack。另外，本书还会涉及一些第三方前端插件的使用，我会在 7.3 节做具体的介绍。

提示

　　Vue.js 是一套快速构建用户界面的框架。与其他重量级框架不同的是，Vue 采用自底向上增量开发的设计。Vue 的核心库只关注视图层，并且非常容易学习，支持数据双向绑定、状态管理，非常容易与其他库或已有项目整合。此外，Vue 完全有能力驱动采用单文件组件和 Vue 生态系统支持的库开发复杂单页应用。

提示

　　Webpack 是一个现代 JavaScript 应用程序的静态模块打包器（module bundler）。当 Webpack 处理应用程序时，它会递归地构建一个依赖关系图（dependency graph），其中包含应用程序需要的每个模块，然后将这些模块打包成一个或多个 Bundle。

7.1 模块划分

　　大多数前端项目的开发工作是以模块化的方式来进行的，第一步要做的工作就是划分模块，我们按功能将前端监控平台的前端功能划分成以下 7 个主要模块：

- 配置模块 config；
- 类库依赖 libs；
- 页面路由 router；
- 静态资源模块 assets；
- 组件模块 components；
- 展示模块 view；
- 数据交互模块 api。

在很多项目中，这些模块都是必需的，但它们并不是一个项目的全部模块，这里我们只挑非常重要的进行介绍，其他的次要模块或者不影响实际功能的模块就不做额外介绍了。

图 7-1 中给出了具体的模块划分，接下来几节会对图 7-1 中的重要模块进行讲解，至于 directive（指令器）、constants（常量存储器）、locale（语言包）、mock（临时请求管理）、store（本地存储）等非主要模块则不需要关注。

图 7-1　模块划分

7.2　配置模块

本节主要介绍前端监控系统在启动和调试阶段的各种配置说明。

通常情况下，我们会把项目中一些被频繁读取，但是更改不那么频繁的数据以配置文件的方式存储起来，这么做主要有两个好处。

第一个好处是代码结构更容易被理解。我们不得不承认大多数研发工程师，在修改所谓的"配置"文件的时候，会下意识地到具体项目目录下寻找一个叫作 config 的文件夹或者 config.js 的文件，并在里面进行修改。因此本书尊重大多数工程师的代码习惯，这样能让监控平台本身的代码更容易被理解。

第二个好处是进行环境配置切换的时候，实际上就是替换掉 config 文件。当然，如果你的 config 中除去环境配置，还有一些其他的通用配置，比如 cookie 的统一失效时间、整站时间对应的配置等，那么每次修改这些配置的时候，不需要在所有引用的地方都进行修改，只需要在 config 中更改就可以了。

我们在 config 中配置的配置项主要有两个：一个是语言国际化包的开关，另一个是整站 Cookie 时效的过期时间。具体代码如代码清单 7-1 所示。

代码清单7-1　config 配置文件

```
export default {
  /**
   * @description token在Cookie中存储的天数，默认1天
   */
  cookieExpires: 1,
  /**
   * @description是否使用国际化，默认为false
   * 如果不使用，则需要在路由中给需要在菜单中展示的路由设置meta: {title: 'xxx'},
   * 用来在菜单中显示文字
   */
  useI18n: false
}
```

如果开发者后续要加入新的配置，就可以在 config 文件中进行添加，从而达到统一配置、统一修改、统一迁移的目的。

7.3　类库依赖

通常项目的 lib 文件夹中存放什么样的文件，想必大家之前就有所了解。通常情况下软件项目的第三方类库均会放在 lib 文件夹中，当然 lib 文件夹中也有可能存放一些自己开发的 lib 组件。lib 文件夹中的通用组件或类库所具备的最重要的

特点就是通用性强，虽然 config 的配置通用性也强，但是 config 不涵盖功能，仅仅是具体数据的存储，但是 lib 中的模块往往是实现一个具体的功能或者做一些数据的聚合等操作。

在搭建前端监控系统时我们依赖的 lib 库非常有限，其中一个是 Axios，通常情况下只要是前端类项目就一定会有数据请求工具，而 Axios 就是比较优秀的数据请求工具。另外 lib 中还包括我们自己封装的小工具，如常规数组操作、判断时间格式。代码清单 7-2 所示的 util.js 就是这类工具函数。

代码清单 7-2　util.js 工具函数

```
export const forEach = (arr, fn) => {
  if (!arr.length || !fn) return
  let i = -1
  let len = arr.length
  while (++i < len) {
    let item = arr[i]
    fn(item, i, arr)
  }
}

/**
 * @param {Array} arr1
 * @param {Array} arr2
 * @description 得到两个数组的交集，两个数组的元素为数值或字符串
 */
export const getIntersection = (arr1, arr2) => {
  let len = Math.min(arr1.length, arr2.length)
  let i = -1
  let res = []
  while (++i < len) {
    const item = arr2[i]
    if (arr1.indexOf(item) > -1) res.push(item)
  }
  return res
}

/**
 * @param {Array} arr1
 * @param {Array} arr2
 * @description 得到两个数组的并集，两个数组的元素为数值或字符串
 */
export const getUnion = (arr1, arr2) => {
  return Array.from(new Set([...arr1, ...arr2]))
}

/**
```

```
 * @param {Array} target 目标数组
 * @param {Array} arr 需要查询的数组
 * @description 判断要查询的数组是否至少有一个元素包含在目标数组中
 */
export const hasOneOf = (target, arr) => {
  return target.some(_ => arr.indexOf(_) > -1)
}

/**
 * @param {String|Number} value 要验证的字符串或数值
 * @param {*} validList 用来验证的列表
 */
export function oneOf (value, validList) {
  for (let i = 0; i < validList.length; i++) {
    if (value === validList[i]) {
      return true
    }
  }
  return false
}

/**
 * @param {Number} timeStamp 判断时间戳格式是否为毫秒
 * @returns {Boolean}
 */
const isMillisecond = timeStamp => {
  const timeStr = String(timeStamp)
  return timeStr.length > 10
}

/**
 * @param {Number} timeStamp 传入的时间戳
 * @param {Number} currentTime 当前时间时间戳
 * @returns {Boolean} 传入的时间戳是否早于当前时间戳
 */
const isEarly = (timeStamp, currentTime) => {
  return timeStamp < currentTime
}

/**
 * @param {Number} num 数值
 * @returns {String} 处理后的字符串
 * @description 如果传入的数值小于10,即位数只有1位,则在前面补充0
 */
const getHandledValue = num => {
  return num < 10 ? '0' + num : num
}

/**
 * @param {Number} timeStamp 传入的时间戳
```

```
 * @param {Number} startType 要返回的时间字符串的格式类型，传入'year'则返回以年开头的
完整时间
 */
const getDate = (timeStamp, startType) => {
  const d = new Date(timeStamp * 1000)
  const year = d.getFullYear()
  const month = getHandledValue(d.getMonth() + 1)
  const date = getHandledValue(d.getDate())
  const hours = getHandledValue(d.getHours())
  const minutes = getHandledValue(d.getMinutes())
  const second = getHandledValue(d.getSeconds())
  let resStr = ''
  if (startType === 'year') resStr = year + '-' + month + '-' + date + ' ' + hours + ':' + minutes + ':' + second
  else resStr = month + '-' + date + ' ' + hours + ':' + minutes
  return resStr
}

/**
 * @param {String|Number} timeStamp 时间戳
 * @returns {String} 相对时间字符串
 */
export const getRelativeTime = timeStamp => {
  // 判断当前传入的时间戳是秒格式还是毫秒格式
  const IS_MILLISECOND = isMillisecond(timeStamp)
  // 如果是毫秒格式则转换为秒格式
  if (IS_MILLISECOND) Math.floor(timeStamp /= 1000)
  // 传入的时间戳可以是数值或字符串类型，这里统一转换为数值类型
  timeStamp = Number(timeStamp)
  // 获取当前时间时间戳
  const currentTime = Math.floor(Date.parse(new Date()) / 1000)
  // 判断传入的时间戳是否早于当前时间戳
  const IS_EARLY = isEarly(timeStamp, currentTime)
  // 获取两个时间戳差值
  let diff = currentTime - timeStamp
  // 如果IS_EARLY为false则差值取反
  if (!IS_EARLY) diff = -diff
  let resStr = ''
  const dirStr = IS_EARLY ? '前' : '后'
  // 少于等于59秒
  if (diff <= 59) resStr = diff + '秒' + dirStr
  // 多于59秒，少于等于59分钟59秒
  else if (diff > 59 && diff <= 3599) resStr = Math.floor(diff / 60) + '分钟' + dirStr
  // 多于59分钟59秒，少于等于23小时59分钟59秒
  else if (diff > 3599 && diff <= 86399) resStr = Math.floor(diff / 3600) + '小时' + dirStr
  // 多于23小时59分钟59秒，少于等于29天59分钟59秒
  else if (diff > 86399 && diff <= 2623859) resStr = Math.floor(diff / 86400) + '天' + dirStr
```

```
  // 多于29天59分钟59秒，少于364天23小时59分钟59秒，且传入的时间戳早于当前
  else if (diff > 2623859 && diff <= 31567859 && IS_EARLY) resStr = getDate
(timeStamp)
  else resStr = getDate(timeStamp, 'year')
  return resStr
}

/**
 * @returns {String}当前浏览器名称
 */
export const getExplorer = () => {
  const ua = window.navigator.userAgent
  const isExplorer = (exp) => {
    return ua.indexOf(exp) > -1
  }
  if (isExplorer('MSIE')) return 'IE'
  else if (isExplorer('Firefox')) return 'Firefox'
  else if (isExplorer('Chrome')) return 'Chrome'
  else if (isExplorer('Opera')) return 'Opera'
  else if (isExplorer('Safari')) return 'Safari'
}

/**
 * @description绑定事件on(element, event, handler)
 */
export const on = (function () {
  if (document.addEventListener) {
    return function (element, event, handler) {
      if (element && event && handler) {
        element.addEventListener(event, handler, false)
      }
    }
  } else {
    return function (element, event, handler) {
      if (element && event && handler) {
        element.attachEvent('on' + event, handler)
      }
    }
  }
})()

/**
 * @description 解绑事件 off(element, event, handler)
 */
export const off = (function () {
  if (document.removeEventListener) {
    return function (element, event, handler) {
      if (element && event) {
        element.removeEventListener(event, handler, false)
      }
```

```
    }
  } else {
    return function (element, event, handler) {
      if (element && event) {
        element.detachEvent('on' + event, handler)
      }
    }
  }
})()
```

大家在搭建监控平台时也会编写适合自己的工具函数，util.js 中基本都是这类方法，比如 forEach 函数的功能是遍历一个数组数据，并且在参数中传入一个函数用来处理循环数组中的数据。Intersection 函数的功能是获取两个数组的交集。getUnion 函数的功能是获取两个数据的并集。

> **提示**
>
> 数据交集是指两个数据集合中都存在的数据组成一个新数据集合，例如 {1, 2, 3} 和 {2, 3, 4} 的交集就是 {2, 3}。并集是指两个数据集合合并成一个新数据集合，新集合中重复的数据只保留一个，例如 {1, 2, 3} 和 {2, 3, 4} 的并集就是 {1, 2, 3, 4}。

util.js 中还有一些工具函数，比如时间的转换、获取浏览器名称、浏览器事件的绑定和解绑，这里就不一一详细介绍了。

7.4 页面路由

从本节开始将介绍前端监控平台的操作界面部分代码，首先每个浏览器的操作界面都需要一个地址也就是 URL。但是我们期望 URL 方便管理，能传入一些参数，看起来更美观一些，所以路由出现了，路由指的是在站点中统一管理页面跳转，以及在各个页面展示具体内容的控制器。前端监控系统的路由按照功能划分一共是 12 个，每一个路由对应一个 view 展示层。具体路由列表如代码清单 7-3 所示。

代码清单 7-3　路由的展示层划分

```
import Login from '@/view/login/login.vue'
import ErrorDashboard from '@/view/error-dashboard/index.vue'
import ErrorPage404 from '@/view/error-page/404.vue'
import MenuCount from '@/view/menu-count/menu-count.vue'
```

```
import OnlineTime from '@/view/online-time/online-time.vue'
import NewUsers from '@/view/new-users'
import ViewPerformance from '@/view/performance'
import AlarmConfig from '@/view/alarm-config/index.vue'
import AlarmLog from '@/view/alarm-log/index.vue'
import Management from '@/view/management/index.vue'
import ErrorPage401 from '@/view/error-page/401.vue'
import ErrorPage500 from '@/view/error-page/500.vue'
```

在代码清单 7-3 中我们可以观察到每个路由都有自己所展示界面的含义，from 后面是当路由切换到某一 URL 地址下时所展示的前端界面的模板，下面简单介绍一下这 12 个路由对应的界面分别实现了什么功能。

- Login：登录时展示的界面；
- ErrorDashboard：错误仪表盘界面，也是主界面最关键的组成部分；
- ErrorPage404：访问的 URL 页面不存在时展示的界面；
- MenuCount：展示菜单点击数的界面；
- OnlineTime：展示用户平均在线时长的界面；
- NewUsers：展示新增用户数的界面；
- ViewPerformance：展示性能相关数据的界面；
- AlarmConfig：展示报警配置的界面；
- AlarmLog：展示报警日志回顾的界面；
- Management：展示成员管理的界面；
- ErrorPage401：展示未登录用户的界面；
- ErrorPage500：展示服务器错误的界面。

我们对所匹配的路由都进行了注册，现在我们只是声明了有哪些模板可以使用，还没有与浏览器中的 URL 建立对应关系。

代码清单 7-4 给出的是 router.js 文件的部分源码，其作用是声明 URL 路由和界面模板的关联关系。前两个路由都比较简单，一般也是大多数项目有的，一个是登录的路由，另一个是处理域名为 "/" 的时候要展示的前端界面的根路径路由。通常前端监控系统在用户进入界面时要默认展示一个路由，也就是项目的根路径，所以我们暂时把 id 为 1 的项目（也就是 project/1/home 这个地址）作为默认的根路径，而且 /project/:id 的这种配置方式，可以以 id 来区分不同的 URL 路由并展示不同的项目界面。除此之外，代码清单 7-4 中还展示了路由和对应展示界面模板的对应关系，其中的 component 参数对应刚刚在代码清单 7-3 中的展示层。

代码清单7-4 路由划分

```
export default [
  {
    path: '/login',
    name: 'login',
    meta: {
      title: 'Login - 登录',
      hideInMenu: true
    },
    component: Login
  },
  {
    path: '/',
    redirect: '/project/1/home',
    name: 'base',
    meta: {
      hideInMenu: true,
      notCache: true
    }
  },
  {
    path: '/project/:id',
    redirect: '/project/:id/home',
    name: 'home',
    meta: {
      hideInMenu: true,
      notCache: true
    },
    component: Main,
    children: [
      {
        path: '/project/:id/home',
        name: 'home',
        meta: {
          hideInMenu: true,
          title: '首页',
          notCache: true
        },
        component: ErrorDashboard
      }
    ]
  },
  {
    path: '/project/:id/behavior',
    name: 'behavior',
    component: Main,
    meta: {
      icon: 'md-hand',
      title: '用户行为'
```

```
      // access:["admin"]
    },
    children: [
      {
        path: 'menu-count',
        name: 'menu-count',
        meta: {
          icon: 'md-radio-button-on',
          title: '菜单点击量'
        },
        component: MenuCount
      },
      {
        path: 'online-time',
        name: 'online-time',
        meta: {
          icon: 'md-time',
          title: '用户在线时长'
        },
        component: OnlineTime
      },
      {
        path: 'new-users',
        name: 'new-users',
        meta: {
          icon: 'md-person-add',
          title: '新增用户数据'
        },
        component: NewUsers
      }
    ]
  },
  {
    path: '/project/:id/monitor',
    name: 'monitor',
    component: Main,
    meta: {
      icon: 'md-warning',
      title: '异常监控'
      // access:["admin"]
    },
    children: [
      {
        path: 'performance',
        name: '页面性能',
        meta: {
          icon: 'md-speedometer',
          title: '页面性能'
        },
```

```
        component: ViewPerformance
      },
      {
        path: 'error-dashboard',
        name: 'error-dashboard',
        meta: {
          icon: 'md-help-buoy',
          title: '错误看板'
        },
        component: ErrorDashboard
      }
    ]
  },
  {
    path: '/project/:id/alarm',
    name: '报警',
    component: Main,
    meta: {
      icon: 'md-alert'
    },
    children: [
      {
        path: 'alarm-config',
        name: 'Alarm',
        meta: {
          icon: 'ios-settings',
          title: '配置'
        },
        component: AlarmConfig
      },
      {
        path: 'alarm-log',
        name: 'alarm_log',
        meta: {
          icon: 'md-clock',
          title: '日志'
        },
        component: AlarmLog
      }
    ]
  },
  {
    path: '/project/:id/userManage',
    name: '用户',
    component: Main,
    meta: {
      access: ['owner']
    },
    children: [{
      path: 'management',
```

```
          name: 'Management',
          meta: {
            icon: 'md-people',
            title: '成员管理'
          },
          component: Management
        }
      ]
    },
    {
      path: '/401',
      name: 'error_401',
      meta: {
        hideInMenu: true
      },
      component: ErrorPage401
    },
    {
      path: '/500',
      name: 'error_500',
      meta: {
        hideInMenu: true
      },
      component: ErrorPage500
    },
    {
      path: '*',
      name: 'error_404',
      meta: {
        hideInMenu: true
      },
      component: ErrorPage404
    }
]
```

Login 是登录界面的组件，具体界面如图 7-2 所示。

登录界面有两种登录方式：一种是普通登录，就是可以通过注册的方式获取账号进行登录；另一种是 UC 登录，就是通过一般公司内部的通用登录对接方式登录（通常情况下每个公司都有自己的账号体系，所以要提供 UserCenter 账号对接的方式）。

Main 是登录之后主界面的组件，具体界面如图 7-3 所示。在系统登录之后最先看到的就是图 7-3 所示的系统主界面了，主界面中主要包含错误的堆叠图、错误详细的内容，还有搜索错误的过滤器。

图 7-2 用户登录界面

提示

  传统的错误表示一般使用折线图，折线图能够表示在特定的时间段内错误的具体情况（增长或者下降趋势），但是无法看出某一类错误在整体错误中的占比，而堆叠图恰恰能解决这个问题，堆叠图把每段时间的错误绘制在一个时间线内，并且以堆叠图的面积作为衡量错误出现的频率的标准。

图 7-3 用户登录主界面

MenuCount、OnlineTime 和 NewUsers 是收集用户行为的 3 个组件，MenuCount 展示的数据是用户菜单点击量，OnlineTime 展示的数据是用户平均在线时长，NewUsers 展示的数据是新增用户数，具体界面如图 7-4、图 7-5 和图 7-6 所示。

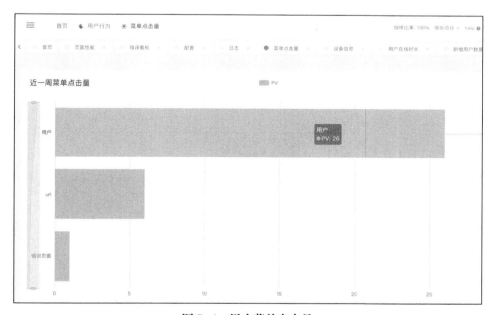

图 7-4　用户菜单点击量

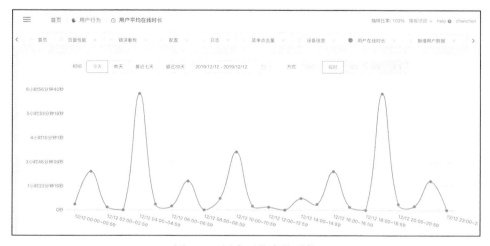

图 7-5　用户平均在线时长

图 7-4 展示的是特定功能菜单的点击量数据，图 7-5 展示的是用户黏性的数

据，主要是表示用户平均在线时长，图 7-6 所示的主要功能是检查每天的新增用户数。这样在某个功能模块上线后我们就可以看到这个功能模块的使用率，判断这个功能模块是否提升了用户黏性。

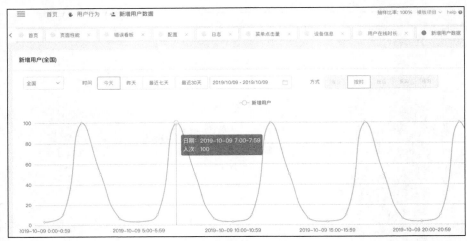

图 7-6　新增用户数

ViewPerformance 是展示用户性能界面的组件，具体展示的界面如图 7-7 所示。ViewPerformance 主要包含 3 部分功能：第一部分是性能 URL 和时间的过滤器，第二部分是具体时间的折线图，方便开发者观察性能的趋势，第三部分是性能的瀑布图，方便开发者观察时间主要消耗在页面加载的哪一个阶段。

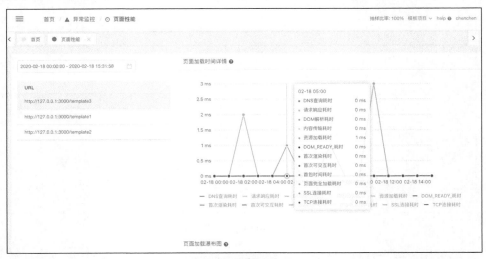

图 7-7　性能指标监控平台

ErrorDashboard 是展示错误仪表盘界面的组件，具体展示的界面如图 7-8 所示。观察一下发现 ErrorDashboard 界面与主界面很像，这是因为前端监控系统的主界面中引入了 ErrorDashboard 这个组件。我们可以理解为 Main 包含了左侧菜单和头部列表，而右侧展示的组件就是 ErrorDashboard。

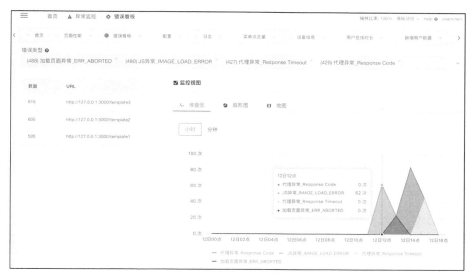

图 7-8　错误指标监控平台

AlarmConfig 是展示用户报警配置界面的组件，具体展示的界面如图 7-9 所示。报警配置界面其实就是一个列表，当然还包含一个添加报警的弹层。在这个操作界面主要是修改报警或者设置报警是否触发。

配置ID	错误名称	监控范围(最近x秒)	报警条件(错误数 > x)	沉默时间	创建人	修改人	更新时间	备注	启用	操作
7	代理异常_Response Code	60	500	60	张三	王二	2019-08-05 20:12	代理报警		
8	代理异常_Response Timeout	60	200	60	张三	王二	2019-08-02 11:18	代理异常timeout		
9	加载页面异常_ERR_ABORTED	60	3000	60	周五	王二	2019-07-04 10:12			
10	启动过程异常_loadConfig	60	20	60	周五	王二	2019-07-18 11:22	启动异常		
11	登录异常_sdk-init	60	10	60	周五	王二	2019-07-08 09:54	登录初始化sdk异常		
49	DTLINK_TARGET_SERVER_SERVICE_UNAVAILABLE	60	30	60	李四	王二	2019-07-08 09:54			
155	加载页面异常_ERR_NAME_NOT_RESOLVED	60	10	60	王二	李四	2019-07-08 09:54			
157	加载页面异常_ERR_BLOCKED_BY_CLIENT	60	200	60	李四	李四	2019-07-04 11:41			

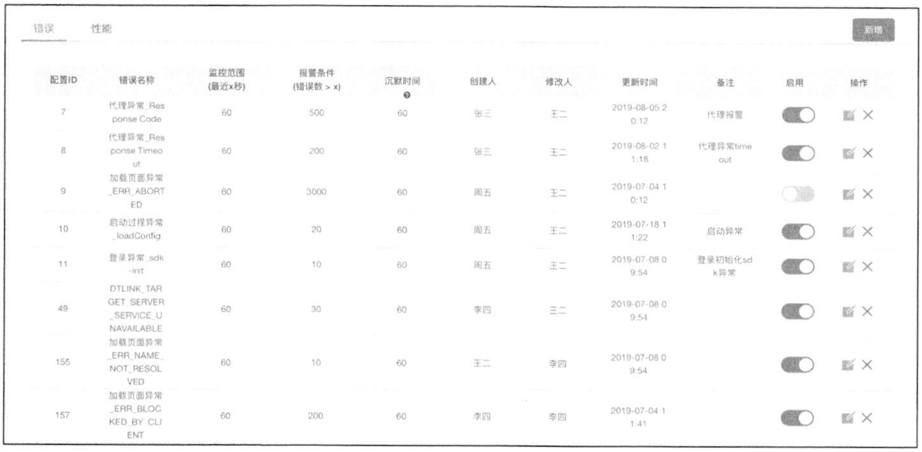

图 7-9　报警配置界面

Management 是展示用户管理界面的组件，具体展示的界面如图 7-10 所示。管理用户界面也是一个列表，具体功能跟报警配置界面类似，只不过操作的对象不是错误报警而是用户。

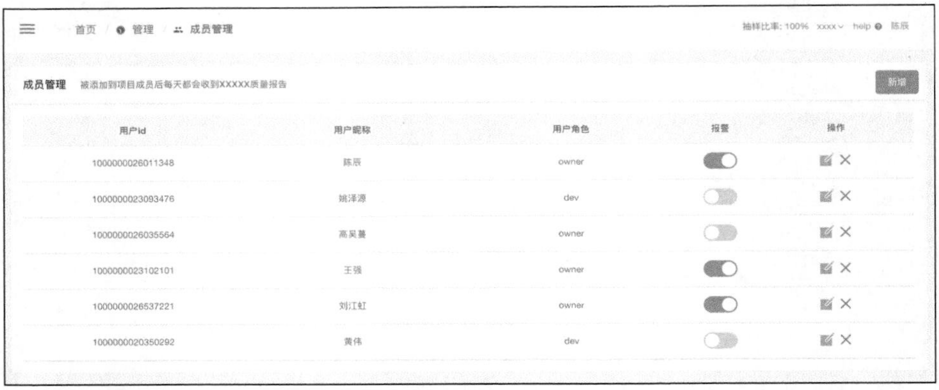

图 7-10　用户管理界面

上面我们已经把前端监控平台的相关路由与页面 .vue 模板的对应关系都配置完成，接下来就是要看这些对应的配置关系如何使用了。首先我们要先声明 Vue 的 Router 组件，并且导入我们刚刚声明的在代码清单 7-4 中的路由映射关系。然后依据我们的映射关系创建一个 Router 实例，如代码清单 7-5 所示。

代码清单 7-5　路由的初始化

```
import Vue from 'vue'
import Router from 'vue-router'
import routes from './routers'
import iView from 'iview'
import { canTurnTo, getToken } from '@/libs/util'

Vue.use(Router)
const router = new Router({
  routes,
  mode: 'history'
})
```

提示

vue-router 默认 hash 模式——使用 URL 的 hash 来模拟一个完整的 URL，于是当 URL 改变时，页面不会重新加载。

如果想要美观一些的 hash，我们可以用路由的 history 模式，这种模式充分利用 history.pushState API 来完成 URL 跳转而无须重新加载页面。

但是，在路由的 URL 加载之前，还要做一些处理，主要是两个方面原因，一方面是登录本身状态的判断需要处理，另一方面是对应项目权限的判断需要处理。这就要用到 router 中的 beforeEach 方法，具体代码如代码清单 7-6 所示。

代码清单 7-6　登录和权限判断

```
router.beforeEach((to, from, next) => {
  iView.LoadingBar.start()
  const token = getToken()

  if (!token && to.name !== LOGIN_PAGE_NAME) {
    // 未登录且要跳转的页面不是登录页
    next({
      name: LOGIN_PAGE_NAME // 跳转到登录页
    })
  } else if (!token && to.name === LOGIN_PAGE_NAME) {
    // 未登录且要跳转的页面是登录页
    next() // 跳转
  } else if (token) {
    // 已登录
    if (canTurnTo(to.name, 'user.access', routes)) next()
    // 有权限，可访问
    else next({ replace: true, name: 'error_401' })
    // 无权限，重定向到401页面
  } else {
    /*
     * 拉取用户信息，通过用户权限和跳转的页面的name来判断是否有权限访问；
     * access必须是一个数组，如 ['super_admin'] ['super_admin', 'admin']
     */
    if (canTurnTo(to.name, 'user.access', routes)) next() // 有权限，可访问
    else next({ replace: true, name: 'error_401' }) // 无权限，重定向到401页面
  }
})
```

用户在进行具体路由跳转之前会先判断一下用户登录的 token 令牌是否存在，如果不存在，就跳转到登录页，如果令牌存在会进行下轮判断。如果当前用户想访问的项目地址存在访问权限就可能会进入我们之前配置的 13 个路由中的其中一个，并且加载对应的 .vue 模板。如果没有权限会统一进入 ErrorPage401 这个路由模板，告知用户他没有当前项目的权限。

7.5 静态资源

几乎每一个前端项目都是有静态资源的,我们的监控项目也不例外,不过平台性的项目对于图片资源要求不多,静态资源也是偏向于一些 Logo 背景图等。

跟其他项目可能有一点差异的地方,就是我们需要一份中国特定的省或城市列表,因为在显示地图的时候可能需要让用户选择需要看某个省的某个城市或者直接就是具体直辖市的报错情况。

当然静态资源中也有常规的样式表、字体等,如图 7-11 所示。

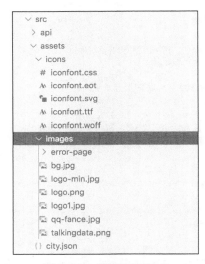

图 7-11 静态资源列表

而且静态资源的打包也相对独立,通常情况下这部分资源更改的频率也非常低,因此就不使用大篇幅来描述这部分代码了。

7.6 数据展示

本节我们将从整体的数据流向开始,介绍 3 个典型的数据展示页面,从而使大家对于这部分代码架构有更详细的体会。数据从获取到展示在前端界面上一共分 4 步,具体数据的流向如图 7-12 所示。

其实用户访问页面进入路由这个阶段要做的处理已经在 7.4 节介绍过,每一个路由都会对应查找一个 view 文件夹下的模板。然后，通过在模板里的各个组件中数据的交换，把这些数据渲染到我们的页面上。接下来我们会详细介绍各个路由下的功能数据是如何渲染到前端界面的。

图 7-12　数据渲染流程

7.6.1　报错主界面展示

我们先来看看前端监控平台最关键的主界面是如何展示出来的。我们先以主界面为例，也就是图 7-13 所示的界面。

在进入这个界面的时候我们会先去校验登录等相关情况（7.4 节介绍过），在验证登录密码和权限无误后会进入 /project/:id/monitor 路由下的 /monitor/error-dashboard 子路由，也就是说，我们实际访问的 URL 地址为 /project/1/monitor/error-dashboard。数字 1 为项目的 id，也就是 :id 这个变量的值。

图 7-13　报错主界面展示

按照图 7-12 中所表述的步骤，根据路由查找对应的模板。在配置文件中，我们可以看到代码清单 7-7 中，主界面的路由实际上是查找了名叫 ErrorDashboard

的模板文件。

代码清单 7-7　主界面路由配置

```
import ErrorDashboard from '@/view/error-dashboard/index.vue'
{
    path: '/project/:id/monitor',
    name: 'monitor',
    component: Main,
    meta: {
      icon: 'md-warning',
      title: '异常监控'
      // access:["admin"]
    },
    children: [
      {
        path: 'performance',
        name: '页面性能',
        meta: {
          icon: 'md-speedometer',
          title: '页面性能'
        },
        component: ViewPerformance
      },
      {
        path: 'error-dashboard',
        name: 'error-dashboard',
        meta: {
          icon: 'md-help-buoy',
          title: '错误看板'
        },
        component: ErrorDashboard
      }
    ]
},
```

代码清单 7-7 中第一行代码就是引入 ErrorDashboard 的模板地址，代码为 import ErrorDashboard from '@/view/error-dashboard/index.vue'。

接下来让我们打开 /view/error-dashboard/index.vue 这个文件，看看这个模板中到底做了什么。从这个监控主界面模板上可以看到引入了 8 个组件，如代码清单 7-8 所示。

代码清单 7-8　主界面的组件引入

```
import _ from 'lodash'
import moment from 'moment'
```

```
import { Page } from 'iview'
import * as ErrorApi from 'src/api/error'
import DATE_FORMAT from 'src/constants/date_format'
import Loading from 'src/view/components/loading/loading.vue'
import DataSet from '@antv/data-set'
import TheBodyChart from './components/the-body-chart'
```

接下来分别介绍一下这 8 个组件的功能。

- loadsh：对对象的操作工具。
- moment：时间操作的工具。
- Page：iview 中处理分页的组件。
- ErrorApi：处理请求后端接口失败。
- DATE_FORMAT：主要处理时间格式。
- Loading：加载自定义组件。
- DataSet：针对 G2 的图形库的数据序列化工具。
- TheBodyChart：图形展示自定义组件。

封装好的开源工具箱不在我们此次讨论的范围内（开源工具箱为 lodash、moment、Page、DataSet 等），因为开源工具箱也有很多替代方案，讨论这些对于读者帮助不大。

现在介绍一下用户获取错误数据的流程，首先用户在进入界面之后会把各个时间范围选择器、错误类型选择器初始化在页面上，并以选择的时间范围选择器和错误选择器的结果作为参数，运用 ErrorApi 中的 API 接口，获取对应的错误列表数据，最后把数据渲染到界面上。下面我们来看一下使用 ErrorApi 中的数据获取的函数是什么样的。

我们在引入对应的 ErrorApi 组件后，直接调用了 ErrorApi 的 fetchUrlList 方法，用来获取对应时间点内产生错误的 URL，具体实现如代码清单 7-9 所示。

代码清单 7-9　获取错误 URL

```
async fetchUrlList () {
    this.status.loading.urlList = true
    let response = await ErrorApi.fetchUrlList(this.startAt, this.endAt,
this.status.selectedErrorNameList)
    this.status.loading.urlList = false
    this.database.urlList = _.get(response, ['data'], [])
},
```

fetchUrlList 函数是在 Vue 的 mounted 阶段调用的获取数据的方法，fetchUrlList 函数把默认的 URL 获取时间（也就是当天时间）作为参数，以及当前用户想要获取的错误数据列表作为参数传递给 ErrorApi 的 fetchUrlList 方法。同时在返回数据之后释放 loading 的状态，也就是把操作界面上展示的 Loading 遮罩层去掉，然后将数据的返回结果赋值到一个叫作 this.database.urlList 的变量上。最后界面上对应渲染数据的组件读取的 this.database.urlList 变量来渲染数据。让我们看看 fetchUrlList 函数的内部是如何实现的，具体实现如代码清单 7-10 所示。

代码清单 7-10　fetchUrlList解析

```
export const fetchUrlList = (startAt, endAt, errorNameList) => {
  return axios.request({
    url: 'project/${getProjectId()}/api/error/distribution/url',
    method: 'get',
    params: {
      start_at: startAt,
      end_at: endAt,
      error_name_list_json: JSON.stringify(errorNameList)
    }
  }).catch(e => {
    console.warn(e)
    return {}
  })
}
```

在代码清单 7-10 中我们可以发现之前引入的 axios 被使用了，报错数据的交换是通过 axios.request 来实现的，开发者通过 axios.request 把 start_at（错误的开始时间段）和 end_at（错误的结束时间段）还有 error_name_list_json（错误名称列表）发送到了 project/${getProjectId()}/api/error/distribution/url 这个地址，其中 ${getProjectId()} 参数为具体的项目 ID，然后服务器端在接收到请求后把处理结果返回给前端，最终前端工程师把变量放在 view/error-dashboard/index.vue 中，并且赋值给了叫作 this.database.urlList 的变量。

剩下的工作就是把 this.database.urlList 变量和模板变量关联起来，另外还需要对展示数据的组件绑定对应的配置，如点击事件、加载状态控制、展示形式等，具体代码实现如代码清单 7-11 所示。

代码清单 7-11　关联模板数据

```
<div class="url-list">
  <Card shadow>
    <Poptip
```

```
        v-model="status.isShowTip"
        placement="right"
        width="200">
        <div class="poptip-content" slot="content">
          <p>单击URL，可以查看该URL对应的数据哦！</p>
          <a @click="status.isShowTip = false">关闭</a>
        </div>
      </Poptip>
      <Table
        ref="urlListTable"
        :highlight-row='true'
        :columns='componentConfig.urlColumnConfig'
        :data='database.urlList'
        @on-row-click="handleSelectUrl"
        :loading="status.loading.urlList"
        :height="638"
      />
  </Card>
</div>
```

代码清单 7-11 中的 :data 就是绑定了我们刚刚获取的错误 URL 列表，接下来我们要重点关注一下 @on-row-click="handleSelectUrl"，因为我们在主界面所看到的各类错误图标都是触发了 handleSelectUrl 函数的，这是在错误 URL 列表展示在页面之后，所以当我们点击具体的 URL 列表时就会触发 handleSelectUrl 函数。

handleSelectUrl 函数做了两件事，第一件事是切换当前错误 URL 展示，第二件事是根据错误 URL 获取新的错误详情数据。同类型的处理函数还有切换错误名称、切换错误类型、切换日期等，就像代码清单 7-12 中描述的一样。

代码清单7-12　切换错误条件触发handle

```
async handleDateChange (selectDateRange) {
    // 日期范围更新后重选数据
    let startTime = moment(selectDateRange[0]).format('YYYY-MM-DD 00:00:00')
    let endTime = moment(selectDateRange[1]).format('YYYY-MM-DD 23:59:59')
    this.status.selectDate = [startTime, endTime]
    await this.fetchErrorDistributionList()
    await this.updateRecord(true)
},
async handleSelectUrl (record, index) {
    // 重复点击时应取消选择
    let url = _.get(record, ['name'], '')
    if (url === this.status.selectedUrl) {
        this.$refs.urlListTable.clearCurrentRow()
        this.status.selectedUrl = ''
    } else {
```

```
            this.status.selectedUrl = url
        }
        await this.updateRecord()
    },
    async handleSelectErrorNameChange () {
        // 重新选择错误名称列表后重取数据
        await this.updateRecord(true)
    },
    async handlePageChange (newPageNo) {
        // 翻页之后重新更新数据
        this.database.errorLog.pager.currentPage = newPageNo
        await this.fetchErrorLog()
    },
```

还是用 handleSelectUrl 函数来举例，在用户修改完 URL 之后调用了一个名字叫作 updateRecord 的关键函数。这个函数会更改所有页面上的图表，把所有的数据都渲染成对应 URL 的数据。具体渲染函数代码如代码清单 7-13 所示，fetchUrlListPromise、fetchStackAreaRecordPromise、fetchPieChartDistributionPromise、fetchGeographyDistributionRecordPromise、fetchErrorLogPromise 均为根据 URL 获取新数据并且渲染到页面上的异步操作，而其中的 fetchUrlListPromise 也就是我们刚刚在代码清单 7-12 中介绍的根据 URL 获取数据的 fetchUrlList 方法的返回结果。

代码清单 7-13　切换条件更新错误数据

```
updateRecord: _.debounce(async function (reloadUrlList = false) {
    this.resetCommonStatus()
    let fetchUrlListPromise
    if (reloadUrlList) {
        this.resetSelectUrl()
        fetchUrlListPromise = this.fetchUrlList()
    }
    // 并发执行请求
    let fetchStackAreaRecordPromise = this.fetchStackAreaRecordList()
    let fetchPieChartDistributionPromise = this.fetchPieChartDistribution()
    let fetchGeographyDistributionRecordPromise = this.fetchGeographyDistributionRecord()
    let fetchErrorLogPromise = this.fetchErrorLog()
    await Promise.all([
        fetchUrlListPromise,
        fetchStackAreaRecordPromise,
        fetchPieChartDistributionPromise,
        fetchGeographyDistributionRecordPromise,
        fetchErrorLogPromise
    ])
}, 600),
```

那么这些渲染函数分别渲染什么样的图呢。下面让我们一一介绍。

- fetchUrlListPromise 渲染 URL 依赖的数据函数。
- fetchStackAreaRecordPromise 渲染某个 URL 下堆叠图的数据函数。
- fetchPieChartDistributionPromise 渲染某个 URL 下扇形图的数据函数。
- fetchGeographyDistributionRecordPromise 渲染某个 URL 下地理位置图的数据函数。
- fetchErrorLogPromise 渲染某个 URL 下具体错误日志的数据函数。

fetchUrlList 方法的返回结果最终会像在代码清单 7-11 中展示的一样，赋值给 this.database.urlList 变量并最终在模板上渲染出对应的 URL 列表界面。当我们做完这一切，就能看到图 7-14 中的结果。

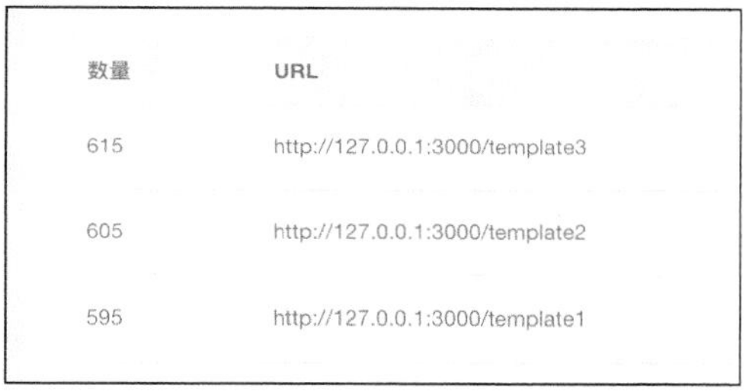

数量	URL
615	http://127.0.0.1:3000/template3
605	http://127.0.0.1:3000/template2
595	http://127.0.0.1:3000/template1

图 7-14　错误 URL 列表

大家看到的前端监控平台主界面上的瀑布流图、折线图等都对应某个 URL 的数据。这个 URL 就是在图 7-14 中展示的，用户点击哪个 URL，前端监控平台就会获取那个 URL 下的对应错误、性能数据，并且将数据以折线图或者饼状图的方式绘制在界面上。在系统界面第一次初始化的时候，我们获取完错误 URL 列表后，已经默认用到一些对应错误 URL 里的错误数据，例如，pieChartDistribution 就是用户进入系统后所看到的第一个图表所依赖的数据，pieChartDistribution 数据是通过 fetchPieChartDistribution 函数获取到的。接下来让我们看一下 fetchPieChartDistribution 函数以及其他数据（堆叠图、地理位置地图和日志）的获取函数是如何实现的，如代码清单 7-14 所示。

代码清单 7-14　对应 URL 错误数据（堆叠图、地理位置、扇形图、日志列表）获取

```
async fetchStackAreaRecordList () {
  this.status.loading.stackAreaChart = true
  let response = await ErrorApi.fetchStackAreaRecordList(this.status.filter, this.startAt, this.endAt, this.status.selectedErrorNameList, this.status.selectedUrl)
  this.status.loading.stackAreaChart = false
```

```
    let rawStackAreaRecordList = _.get(response, ['data'], [])
    let stackAreaRecordList = []
    // 组件使用index字段作为纵轴
    for (let rawStackAreaRecord of rawStackAreaRecordList) {
      stackAreaRecordList.push({
        ...rawStackAreaRecord,
        index: rawStackAreaRecord['index_display']
      })
    }
    this.database.stackAreaRecordList = stackAreaRecordList
  },
  async fetchPieChartDistribution () {
    this.status.loading.pieChart = true
    let response = await ErrorApi.fetchErrorNameDistribution(this.startAt,
this.endAt, this.status.selectedErrorNameList, this.status.selectedUrl)
    this.status.loading.pieChart = false
    let distributionList = response.data
    let dataSetView = new DataSet.View().source(distributionList)
    dataSetView.transform({
      type: 'percent',
      field: 'value',
      dimension: 'name',
      as: 'percent'
    })
    this.database.pieChartDistribution = dataSetView.rows
  },
  async fetchGeographyDistributionRecord () {
    this.status.loading.geographyChart = true
    let response = await ErrorApi.fetchGeographyDistribution(this.startAt,
this.endAt, this.status.selectedErrorNameList, this.status.selectedUrl)
    this.status.loading.geographyChart = false
    this.database.provinceDistributionList = response.data
  },
  async fetchErrorLog () {
    let currentPage = _.get(this.database, ['errorLog', 'pager', 'currentPage'], 1)
    this.status.loading.errorLogChart = true
    let response = await ErrorApi.fetchErrorLog(this.startAt, this.endAt,
currentPage, this.status.selectedErrorNameList, this.status.selectedUrl)
    this.status.loading.errorLogChart = false
    let rawRecordList = _.get(response, ['data', 'list'], [])
    let recordList = []
    for (let rawRecord of rawRecordList) {
      let record = {
        ...rawRecord,
        _expanded: false // 自动展开
      }
      recordList.push(record)
    }
    currentPage = _.get(response, ['data', 'pager', 'current_page'], 1)
    currentPage = parseInt(currentPage)
```

```
    let total = _.get(response, ['data', 'pager', 'total'], 0)
    let pageSize = _.get(response, ['data', 'pager', 'page_size'], 10)
    this.database.errorLog = {
      pager: {
        currentPage,
        pageSize,
        total
      },
      recordList
    }
},
```

在服务器端通过 fetchStackAreaRecordList、fetchPieChartDistribution、fetchGeographyDistributionRecord、fetchErrorLog 等函数使用异步请求的方式获取到对应 URL 下的错误数据之后，将返回的数据赋值给对应的组件就完成了对于界面的渲染，如代码清单 7-15 所示。

代码清单7-15　图形模板数据渲染

```
<Card shadow>
  <p slot="title">
    <Icon type="md-analytics" />
    监控视图
  </p>
  <the-body-chart
    :stackAreaRecordList='database.stackAreaRecordList'
    :pieChartDistribution='database.pieChartDistribution'
    :geographyChartDistributionRecord='geographyChartDistributionRecord'
    :mapTableData='database.provinceDistributionList'
    :stackAreaScale='componentConfig.stackAreaScale'
    :isSpinShowStack='status.loading.stackAreaChart'
    :isSpinShowPie='status.loading.pieChart'
    :isSpinShowMap='status.loading.geographyChart'
    :Mapcolumns='componentConfig.cityColumnsConfig'
    :tableLoading='status.loading.geographyChart'
    v-on:listenHandleFilterChange='handleFilterChange'
  ></the-body-chart>
</Card>
```

可以看到，在 the-body-chart 组件中放入了 3 部分列表数据，分别对应图 7-15 和图 7-16 所示的两种数据表现形式。

这 3 种数据表现形式都是通过一个叫作 the-body-chart 的 components 封装的。通过 the-body-chart 来渲染图形，只需要把我们获取的数据设置到对应的开源组件当中就可以。那么 the-body-chart 是如何实现这种界面图像的渲染呢。让我们观察代码清单 7-16，看看 the-body-chart 中都包含了什么组件。

154 第 7 章 界面展示

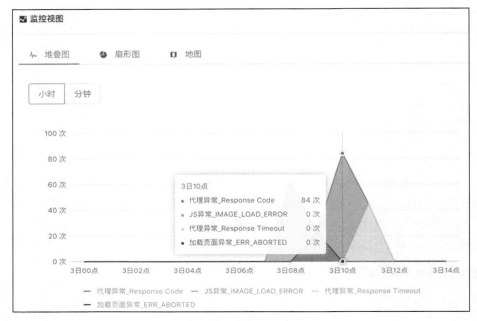

图 7-15 错误数据堆叠图

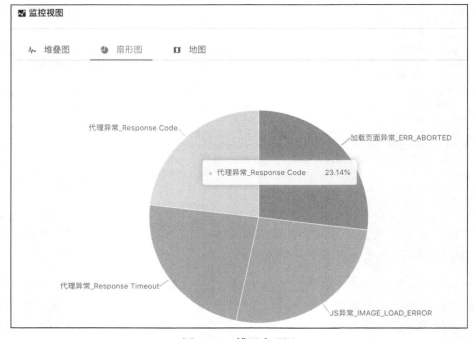

图 7-16 错误扇形图

代码清单 7-16　图形模板数据渲染

```
<template>
  <Tabs>
    <TabPane label="堆叠图"
             icon="md-pulse">
      <Card shadow>
        <RadioGroup v-model="filter"
                    type="button"
                    @on-change="handleFilterChange"
                    size="large">
          <Radio label="hour">小时</Radio>
          <Radio label="minute">分钟</Radio>
        </RadioGroup>
        <div style='height:450px'>
          <StackArea :height="450"
                     :showScroll="filter==='minute'"
                     :data="stackAreaRecordList"
                     :scale="stackAreaScale"
                     :isSpinShow="isSpinShowStack"
                     :padding='[50, 30, 180, 70]'>
          </StackArea>
        </div>
      </Card>
    </TabPane>
    <TabPane label="扇形图"
             icon="md-pie">
      <Card shadow>
        <div style='height:450px'>
          <ViserPie :data="pieChartDistribution"
                    :height="450"
                    :padding="[50, 50, 50, 50]"
                    :isSpinShow="isSpinShowPie"/>
        </div>
      </Card>
    </TabPane>
    <TabPane label="地图"
             icon="md-map">
      <Col span="16">
        <Card shadow>
          <Loading :isSpinShow="isSpinShowMap"></Loading>
          <ve-map :data="geographyChartDistributionRecord"
                  :height="400+'px'"/>
        </Card>
      </Col>
      <Col span="8">
        <Card shadow>
          <p slot="title">排名</p>
          <Table size="small"
```

```
                :columns="Mapcolumns"
                :data="mapTableData"
                :loading="tableLoading"
                :height="450"/>
        </Card>
      </Col>
    </TabPane>
  </Tabs>
  </Card>
  </Row>
</template>
```

其实我们可以观察到在代码清单 7-16 中有 3 个主要的组件，它们分别是 StackArea 堆叠图组件、ViserPie 扇形图组件、ve-map 地图组件。而对应 3 个组件中的 data 数据如 stackAreaRecordList、pieChartDistributionRecord、geographyChartDistributionRecord 其实就是代码清单 7-16 中 the-body-chart 赋值的数据。至于具体图表的展示就不做详细介绍了，因为市面上图表插件很多，要根据团队具体的技术栈具体选择，本书中的图表使用的是基于阿里巴巴 G2 的 Viser，当然也可以选择百度的 Echart 或者其他的图表插件。

最后，我们再总结一下错误数据渲染的整体流程，整体流程如图 7-17 所示。

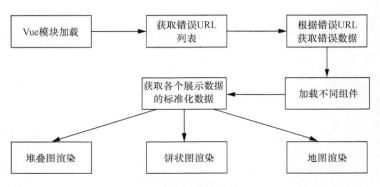

图 7-17　错误数据渲染流程

至此，错误展示主界面就完成了，也就是图 7-18 所示的前端监控平台主界面（错误主界面展示）。

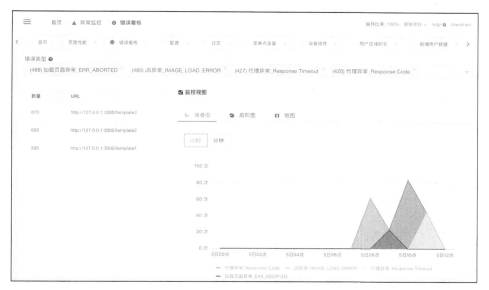

图 7-18　错误主界面展示

7.6.2　性能主界面展示

本节我们主要介绍监控平台的另一个主要模块——性能模块。前端开发人员大多数情况下排查问题的时候会看相关的性能指标，而且我坚信他们每个人对自己的站点性能现状都是感兴趣的。图 7-19 所示就是前端监控平台所能看到的性能界面，我们把常规的大家关心的通用性能指标全部罗列了出来。这些常规的指标包括 DNS 查询耗时、请求响应耗时、DOM 解析耗时、内容传输耗时、资源加载耗时、DOM_READY_ 耗时、首次渲染耗时、首次可交互耗时、首包时间耗时、页面完全加载耗时、SSL 连接耗时、TCP 连接耗时。

图 7-19 性能主界面中的内容为评估性能常用的数据指标，这些数据指标都是根据浏览器中 performance API 提供的数据进行计算的。而且在第 3 章的表 3-1 里也做过详细的介绍，截至目前，几乎所有的主流浏览器都支持 performance API。这也是我们在本书第 3 章设计数据上报 SDK 时以 performance 为数据基础的理由。下面我们就运用这些数据展示一下性能指标。

要展示性能监控界面，首先我们还是给性能监控界面分配一个路由，如代码清单 7-17 所示，根路径的 performance 为性能主界面路由。然后查找名叫 ViewPerformance 的组件。其实跟上节中我们介绍的错误展示方式基本一致。

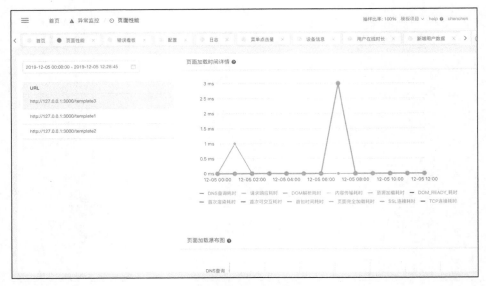

图 7-19　性能主界面展示

代码清单 7-17　性能监控路由

```
{
        path: 'performance',
        name: '页面性能',
        meta: {
          icon: 'md-speedometer',
          title: '页面性能'
        },
        component: ViewPerformance
},
```

　　如图 7-20 所示，错误监控展示和性能监控展示不同的地方是在获取各个展示数据的标准化数据到详情图和瀑布图的分支，因为性能指标数据展示形式只有两种。

　　性能监控对应的界面展示如图 7-21 和图 7-22 所示。前端监控平台之所以有性能监控这部分功能，一方面是后续我们添加类似产品指标或者其他方向指标的时候也遵循这种方法（只修改展示层数据即可，其他数据不变），另一方面是因为大多数用户问题反馈是从慢、卡等看似性能问题的问题反馈上来的。但是如果要确定用户报上来的问题到底是不是性能问题，这就需要性能监控这个功能了。

7.6 数据展示　159

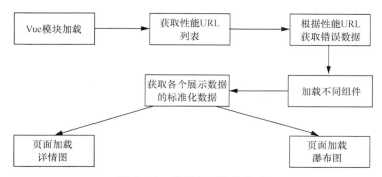

图 7-20　性能数据渲染流程

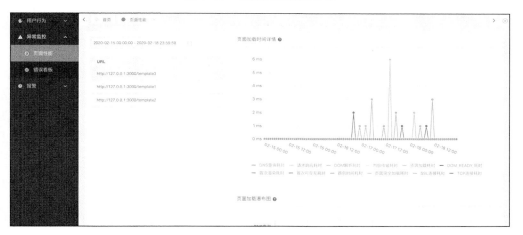

图 7-21　页面加载性能详情

图 7-22　某 URL 加载各阶段性能瀑布图

接下来我们来看看性能监控界面是如何渲染到界面上的。之前在代码清单7-17中我们观察到性能监控界面路由对应界面展示的组件是 ViewPerformance，那么 ViewPerformance 中到底是如何在页面展示这些元素的，参见代码清单7-18。

代码清单7-18　切换条件更新错误数据

```
<template>
  <div class="container">
    <Card shadow
        class="url-list">
     <Form inline>
       <FormItem>
         <DatePicker v-model="dateRange"
                     @on-change="dateChange"
                     @on-ok="dateChangeOk"
                     type="daterange"
                     split-panels
                     placeholder="Select date"
                     style="width:300px"
                     :options="options"
                     format="yyyy-MM-dd HH:mm:ss"
                     confirm />
       </FormItem>
     </Form>
     <Table :highlight-row="isHighlight"
            style="flex:1"
            size="small"
            :columns="urlColumns"
            :data="urlData"
            :row-class-name="rowClassName"
            @on-row-click="selectRow"
            :loading="urlLoading" />
    </Card>
    <div style="flex:1;height: 100%; overflow: auto;">
     <Row>
       <Card shadow>
         <div slot="title">页面加载时间详情
           <div style="display:inline-block"
                @mouseover="visible"
                @mouseout="invisible">
           <Icon type="md-help-circle" />
           <div v-if="isShow"
                style="position:absolute;top:30px;left:10px">
             <Card style="width:350px;z-index:1000">
               <p slot="title">
                 <Icon type="ios-film-outline"></Icon>
                 性能指标说明
               </p>
               <p>
```

```html
              备注：
                <a href="http://www.***.com"
                   slot="extra">
                  <Icon type="ios-loop-strong"></Icon>
                  性能指标详细文档地址
                </a>
              </p>
              <h6 style="margin-top:10px">关键性能指标</h6>
              <ul style="list-style:none;margin-top:10px">
                <li v-for="item in timeArray"
                    :value="item.value"
                    :key="item.key">
                  <p>
                    {{ item.value}}:{{item.key}}
                  </p>
                </li>
              </ul>
              <h6 style="margin-top:10px">区间段耗时</h6>
              <ul style="list-style:none;margin-top:10px">
                <li v-for="item in rangeArray"
                    :value="item.value"
                    :key="item.key">
                  <p>
                    {{ item.value}}:{{item.key}}
                  </p>
                </li>
              </ul>
            </Card>
          </div>
        </div>
      </div>
      <div style="height:400px">
        <Loading :isSpinShow="isSpinShowDetail"></Loading>
        <v-chart :force-fit="true"
                 height=400
                 :data="lineData"
                 :scale="lineScale"
                 :padding="loadingTimePadding">
          <v-tooltip />
          <v-axis />
          <v-legend />
          <v-line position="index_timestamp_ms*ms"
                  color="type" />
          <v-point position="index_timestamp_ms*ms"
                   color="type"
                   :size="4"
                   :v-style="style"
                   :shape="'circle'" />
        </v-chart>
      </div>
```

```html
      </Card>
    </Row>
    <Row>
      <Card shadow>

        <div slot="title">页面加载瀑布图
          <div style="display:inline-block"
              @mouseover="waterPullVisible"
              @mouseout="waterPullInvisible">
            <Icon type="md-help-circle" />
            <div v-if="isShow1"
                style="position:absolute;top:30px;left:10px">
              <Card style="width:350px;z-index:1000">
                <p slot="title">
                  <Icon type="ios-film-outline"></Icon>
                  性能指标说明
                </p>
                <p>
                    备注：
                    <a href="http://www.***.com"
                      slot="extra">
                      <Icon type="ios-loop-strong"></Icon>
                      性能指标详细文档地址
                    </a>
                </p>
                <h6 style="margin-top:10px">区间段耗时</h6>
                <ul style="list-style:none;margin-top:10px">
                  <li v-for="item in rangeArray"
                      :value="item.value"
                      :key="item.key">
                    <p>
                      {{ item.value}}:{{item.key}}
                    </p>
                  </li>
                </ul>
              </Card>
            </div>
          </div>
        </div>
        <div style="height:400px">
          <Loading :isSpinShow="isSpinShowWaterfall"></Loading>
          <v-chart :forceFit="true"
                  :padding="padding"
                  :height="height1"
                  :data="timeData">
            <v-coord type="rect"
                    direction="LB" />
            <v-tooltip dataKey="profession*range"
                      :onChange="itemFormatter" />
            <v-legend />
```

```
            <v-axis dataKey="profession"
                   :label="label" />
            <v-bar position="profession*range"
                   color="profession" />
          </v-chart>
        </div>
      </Card>
    </Row>
  </div>
</div>
</template>,
```

代码清单 7-18 中所展示的性能监控界面布局其实跟错误监控的布局很类似，它实现的功能是以 url-list 标签来选择对应 URL 的性能问题，以时间维度也就是 DatePicker 组件作为过滤器，检索对应 URL 下的特定时间段的性能指标。数据的渲染策略与跟错误监控的顺序一样即先请求性能监控数据的 URL 列表，如代码清单 7-19 所示。

代码清单 7-19　获取性能监控对应的 URL

```
async getUrlList (params = {}) {
  const {
    st,
    et,
    summaryBy
  } = params
  const res = await fetchUrlList({
    st: st || +this.dateRange[0],
    et: et || +this.dateRange[1],
    summaryBy: summaryBy || 'minute'
  })
  this.urlData = (res.data || []).map((item, index) => ({
    name: item
  }))
  this.url = _.get(this, ['urlData', 0, 'name'], '')
  this.getTimeDetail()
  this.getTimeLine()
  if (this.urlColumns) {
    this.urlLoading = false
  }
},
```

通过 fetchUrlList 函数获取 URL 列表，这个函数在讲解前端错误监控的时候已经做了详细介绍。通过这个 URL 我们就可以获取 lineData 性能详情折线图、timeData 性能分阶段瀑布图。

接下来，让我们看一下 lineData 性能详情折线图数据是如何获取的。具体功能实现如代码清单 7-20 所示。

代码清单7-20　获取lineData性能详情折线图数据

```
async getTimeDetail (params = {}) {
  const {
    st,
    et,
    url,
    summaryBy
  } = params
  const res = await fetchTimeDetail({
    st: st || +this.dateRange[0],
    et: et || +this.dateRange[1],
    url: url || this.url,
    summaryBy: summaryBy || 'hour'
  })
  const dv = new DataSet.View().source(res.data)
  dv.transform({
    type: 'rename',
    map: {
      dns_lookup_ms: 'DNS查询耗时',
      response_request_ms: '请求响应耗时',
      dom_parse_ms: 'DOM解析耗时',
      response_transfer_ms: '内容传输耗时',
      load_resource_ms: '资源加载耗时',
      dom_ready_ms: 'DOM_READY_耗时',
      first_render_ms: '首次渲染耗时',
      first_response_ms: '首次可交互耗时',
      first_tcp_ms: '首包时间耗时',
      load_complete_ms: '页面完全加载耗时',
      ssl_connect_ms: 'SSL连接耗时',
      tcp_connect_ms: 'TCP连接耗时'
    }
  })
  dv.transform({
    type: 'fold',
    fields: [
      'DNS查询耗时',
      '请求响应耗时',
      'DOM解析耗时',
      '内容传输耗时',
      '资源加载耗时',
      'DOM_READY_耗时',
      '首次渲染耗时',
      '首次可交互耗时',
      '首包时间耗时',
      '页面完全加载耗时',
```

```
      'SSL 连接耗时',
      'TCP 连接耗时'
    ],
    key: 'type',
    value: 'ms'
  })
  const data = dv.rows
  this.lineData = data
  const scale = [{
    dataKey: 'ms',
    sync: true,
    alias: 'ms',
    formatter: (value) => value + ' ms'
  }, {
    dataKey: 'index_timestamp_ms',
    type: 'time',
    tickCount: 10,
    mask: 'MM-DD HH:mm'
  }]
  this.lineScale = scale
  if (this.lineData && this.lineScale) {
    this.isSpinShowDetail = false
  }
},
```

其实获取 lineData 的逻辑并不复杂，直接调用 getTimeDetail 函数，通过 fetchTimeDetail 以异步方式获取数据，返回的数据结构如图 7-23 所示。

```
▼ {code: 0, action: "success",…}
    action: "success"
    code: 0
  ▼ data: [{dns_lookup_ms: 0, index_timestamp_ms: 1570550400000, index: "2019-10-09 00", tcp_connect_ms: 0,…},…]
    ▼ [0 … 99]
      ▶ 0: {dns_lookup_ms: 0, index_timestamp_ms: 1570550400000, index: "2019-10-09 00", tcp_connect_ms: 0,…}
      ▶ 1: {dns_lookup_ms: 0, index_timestamp_ms: 1570554000000, index: "2019-10-09 01", tcp_connect_ms: 0,…}
      ▶ 2: {dns_lookup_ms: 0, index_timestamp_ms: 1570557600000, index: "2019-10-09 02", tcp_connect_ms: 0,…}
      ▶ 3: {dns_lookup_ms: 0, index_timestamp_ms: 1570561200000, index: "2019-10-09 03", tcp_connect_ms: 0,…}
      ▶ 4: {dns_lookup_ms: 0, index_timestamp_ms: 1570564800000, index: "2019-10-09 04", tcp_connect_ms: 0,…}
      ▶ 5: {dns_lookup_ms: 0, index_timestamp_ms: 1570568400000, index: "2019-10-09 05", tcp_connect_ms: 0,…}
      ▶ 6: {dns_lookup_ms: 0, index_timestamp_ms: 1570572000000, index: "2019-10-09 06", tcp_connect_ms: 0,…}
      ▶ 7: {dns_lookup_ms: 0, index_timestamp_ms: 1570575600000, index: "2019-10-09 07", tcp_connect_ms: 0,…}
      ▶ 8: {dns_lookup_ms: 0, index_timestamp_ms: 1570579200000, index: "2019-10-09 08", tcp_connect_ms: 0,…}
      ▶ 9: {dns_lookup_ms: 0, index_timestamp_ms: 1570582800000, index: "2019-10-09 09", tcp_connect_ms: 0,…}
      ▶ 10: {dns_lookup_ms: 0, index_timestamp_ms: 1570586400000, index: "2019-10-09 10", tcp_connect_ms: 0,…}
      ▶ 11: {dns_lookup_ms: 0, index_timestamp_ms: 1570590000000, index: "2019-10-09 11", tcp_connect_ms: 0,…}
      ▶ 12: {dns_lookup_ms: 0, index_timestamp_ms: 1570593600000, index: "2019-10-09 12", tcp_connect_ms: 0,…}
      ▶ 13: {dns_lookup_ms: 0, index_timestamp_ms: 1570597200000, index: "2019-10-09 13", tcp_connect_ms: 0,…}
      ▶ 14: {dns_lookup_ms: 0, index_timestamp_ms: 1570600800000, index: "2019-10-09 14", tcp_connect_ms: 0,…}
      ▶ 15: {dns_lookup_ms: 0, index_timestamp_ms: 1570604400000, index: "2019-10-09 15", tcp_connect_ms: 0,…}
      ▶ 16: {dns_lookup_ms: 0, index_timestamp_ms: 1570608000000, index: "2019-10-09 16", tcp_connect_ms: 0,…}
      ▶ 17: {dns_lookup_ms: 0, index_timestamp_ms: 1570611600000, index: "2019-10-09 17", tcp_connect_ms: 0,…}
      ▶ 18: {dns_lookup_ms: 0, index_timestamp_ms: 1570615200000, index: "2019-10-09 18", tcp_connect_ms: 0,…}
      ▶ 19: {dns_lookup_ms: 0, index_timestamp_ms: 1570618800000, index: "2019-10-09 19", tcp_connect_ms: 0,…}
```

图 7-23　页面加载性能详情接口返回数据

将数据与前端各个阶段（DNS 查询耗时、请求响应耗时、DOM 解析耗时、内容传输耗时等）的 Map 进行绑定，最后把转换之后的数据赋值给了 this.lineData。这样通过 this.lineData 数据渲染前端折线图的图形库（本书中采用的图形库是基于阿里巴巴 G2 的 Viser，也可以根据个人技术栈选择其他图形库）就能看到图 7-24 所示的页面加载性能详情。

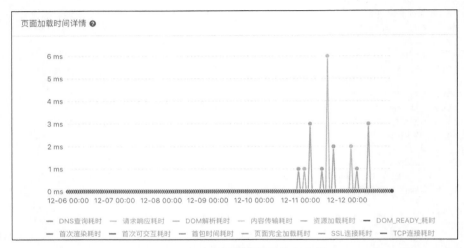

图 7-24　页面加载性能详情折线图

接下来就要介绍一下前端性能监控的第二个图表，也就是页面前端性能瀑布图的功能。前端性能瀑布图也是依赖代码清单 7-21 中所展示的 URL 列表。URL 列表的获取和展示已经在介绍前端性能详情折线图的时候做了详细介绍，这里就不重复介绍了。我们着重介绍一下性能监控瀑布流图。前端监控平台在用户点击特定的 URL 之后，也是调用内部数据获取函数来获取数据，并且对数据做了符合前端图形化瀑布图组件格式的转换，具体实现如代码清单 7-21 所示。

代码清单 7-21　获取性能瀑布图数据

```
async getTimeLine (params = {}) {
  const {
    st,
    et
  } = params
  const res = await fetchTimeLine({
    st: st || +this.dateRange[0],
    et: et || +this.dateRange[1],
    url: this.url,
    summaryBy: 'minute'
  })
```

```
  /* eslint-disable */
  const {
    dns_lookup_ms = 0,
    tcp_connect_ms = 0,
    ssl_connect_ms = 0,
    response_request_ms = 0,
    dom_parse_ms = 0,
    response_transfer_ms = 0,
    load_resource_ms = 0
  } = res.data
  const sourceData = [{
    profession: 'DNS查询',
    highest: dns_lookup_ms,
    minimum: 0,
    mean: 56636
  },
  {
    profession: 'TCP连接',
    highest: dns_lookup_ms + tcp_connect_ms,
    minimum: dns_lookup_ms,
    mean: 66625
  },
  {
    profession: 'SSL连接',
    highest: dns_lookup_ms + tcp_connect_ms + ssl_connect_ms,
    minimum: dns_lookup_ms + tcp_connect_ms,
    mean: 72536
  },
  {
    profession: '请求响应',
    highest: dns_lookup_ms + tcp_connect_ms + ssl_connect_ms + response_request_ms,
    minimum: dns_lookup_ms + tcp_connect_ms + ssl_connect_ms,
    mean: 75256
  },
  {
    profession: '内容传输',
    highest: dns_lookup_ms + tcp_connect_ms + ssl_connect_ms + response_request_ms + response_transfer_ms,
    minimum: dns_lookup_ms + tcp_connect_ms + ssl_connect_ms + response_request_ms,
    mean: 77031
  },
  {
    profession: 'DOM解析',
    highest: dns_lookup_ms + tcp_connect_ms + ssl_connect_ms + response_request_ms + response_transfer_ms + dom_parse_ms,
    minimum: dns_lookup_ms + tcp_connect_ms + ssl_connect_ms + response_request_ms + response_transfer_ms,
    mean: 77031
  },
  {
    profession: '资源加载',
```

```
    highest: dns_lookup_ms + tcp_connect_ms + ssl_connect_ms + response_request_
ms + response_transfer_ms + dom_parse_ms + load_resource_ms,
    minimum: dns_lookup_ms + tcp_connect_ms + ssl_connect_ms + response_request_
ms + response_transfer_ms + dom_parse_ms,
    mean: 77031
  }
  ]
  const dv = new DataSet.View().source(sourceData.reverse())
  dv.transform({
    type: 'map',
    key: 'range',
    callback (row) {
      row.range = [row.minimum, row.highest]
      return row
    }
  })
  this.timedata = dv.rows
  if (this.timedata) {
    this.isSpinShowWaterfall = false
  }
},
```

代码清单 7-21 中，在获取前端性能监控瀑布图数据的函数 getTimeLine 中，首先利用 fetchTimeLine 异步方法获得了瀑布流图数据，然后对 dns_lookup_ms、tcp_connect_ms、ssl_connect_ms、response_request_ms、dom_parse_ms、response_transfer_ms、load_resource_ms 等需要展示的数据进行了初始化赋值，保证在后续展示性能监控瀑布图的时候柱状图不出现异常值。接着创建一个 sourceData 对象，把对应数据所需要在页面展示瀑布图的长度进行序列化并存入其中。在前端性能监控界面请求数据的时候我们就可以在浏览器的控制台 Network 选项卡中看到图 7-25 所示的内容。

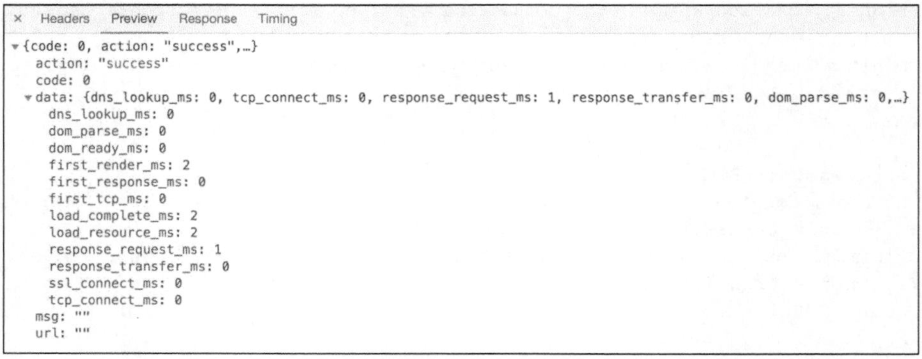

图 7-25 页面加载性能瀑布图接口返回数据

代码清单 7-18 中切换更新错误数据中的 timeData 变量其实就是这个接口返回的数据，在模板中把返回数据 timeData 赋值给 <v-chart> 组件，就可以看到图 7-26 所示的界面了。

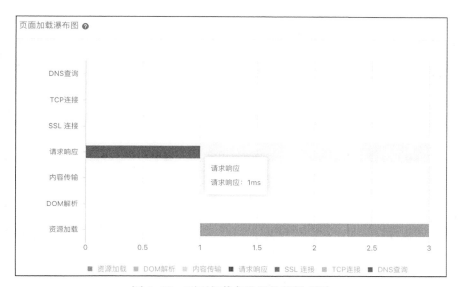

图 7-26　页面加载各阶段性能瀑布图

至此，本节关于性能的两个监控图的展示就介绍完毕，如果研发人员有更多形式图的需求只需要对数据做二次组装，并且使用其他的图表生成库即可。

7.6.3　报警主界面展示

前两节介绍的是利用监控数据展示的两个主要监控功能，一个是错误监控，另一个是性能监控，本节我们将介绍前端监控平台的又一主要功能——错误报警设置，错误报警设置的具体操作界面如图 7-27 所示，报警设置页面包含一个已经设置报警的列表，还有一个添加新报警的操作界面。

为了实现这个界面，我们需要先在路由配置文件中添加一个路由，并且给他指定一个模板路径，如代码清单 7-22 所示。

代码清单 7-22　报警路由配置

```
import AlarmConfig from '@/view/alarm-config/index.vue'
{
    path: 'alarm-config',
    name: 'Alarm',
```

170　第 7 章　界面展示

```
    meta: {
      icon: 'ios-settings',
      title: '配置'
    },
    component: AlarmConfig
},
```

图 7-27　错误报警设置的具体操作界面

从代码清单 7-22 中我们观察到模板中引入了 /view/alarm-config/index.vue 模板。在用户刚刚进入路由的时候发起了数据请求，然后获得了报警配置数据，接着把配置好的报警数据展示在界面上。代码清单 7-23 给出的就是界面的源文件，其中标签 <Table> 就是用来放报警数据的，标签 <Table> 依赖数据源为 dataList，dataList 的数据来源是通过 Alarm 类中的 getAlarmList 异步方法来获取数据的。数据获取方式也是利用 axios.request 来获取数据的，这部分功能在代码清单 7-23 中也有所体现。

代码清单 7-23　展示报警配置列表

```
<Table ref="selection"
    :columns="componentConfig.table.columns"
    :data="componentConfig.table.dataList"></Table>
<Page @on-change="handlePageChange"
    :current="componentConfig.page.current"
    :total="componentConfig.page.total"
    show-total
    class="the-page_position" />

import * as Alarm from '@/api/alarm'

async getAlarmList (params) {
```

```
  const result = await Alarm.getAlarmList({
    currentPage: params || this.componentConfig.page.current
  })
  const data = result.data
  this.componentConfig.table.dataList = data.list
  this.componentConfig.page.total = data.totalCount
  this.componentConfig.page.current = data.currentPage
},
```

在执行完代码清单 7-23 中的代码之后，我们会在界面上看到图 7-28 所示的界面，展示的数据主要涵盖在 componentConfig.table.dataList 中，在第 6 章讲解报警存储设计时，就涵盖了这些属性，当然这只是查询，在代码清单 7-25 中还会有添加报警的逻辑。

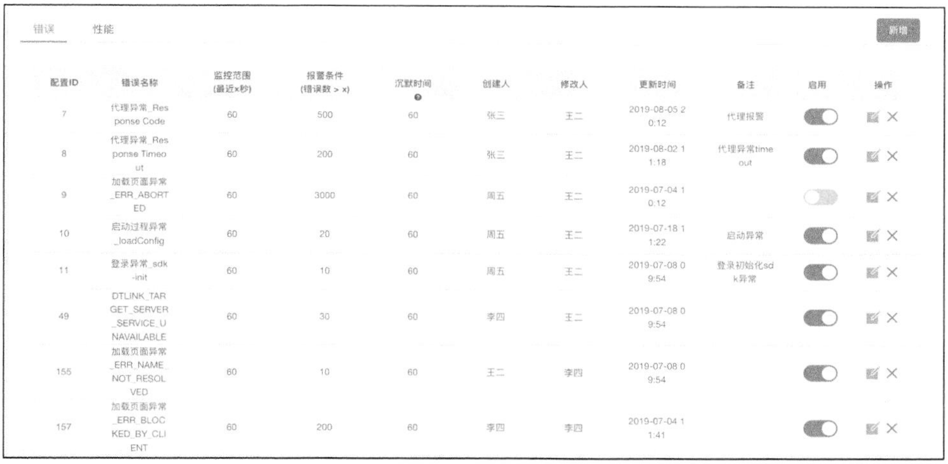

配置ID	错误名称	监控范围(最近x秒)	报警条件(错误数 > x)	沉默时间	创建人	修改人	更新时间	备注	启用	操作
7	代理异常_Response Code	60	500	60	张三	王二	2019-08-05 20:12	代理报警		
8	代理异常_Response Timeout	60	200	60	张三	王二	2019-08-02 11:18	代理异常timeout		
9	加载页面异常_ERR_ABORTED	60	3000	60	周五	王二	2019-07-04 10:12			
10	启动过程异常_loadConfig	60	20	60	周五	王二	2019-07-18 11:22	启动异常		
11	登录异常_sdk-init	60	10	60	周五	王二	2019-07-08 09:54	登录初始化sdk异常		
49	DTLINK_TARGET_SERVER_SERVICE_UNAVAILABLE	60	30	60	李四	王二	2019-07-08 09:54			
155	加载页面异常_ERR_NAME_NOT_RESOLVED	60	10	60	王二	李四	2019-07-08 09:54			
157	加载页面异常_ERR_BLOCKED_BY_CLIENT	60	200	60	李四	李四	2019-07-04 11:41			

图 7-28 报警设置主界面

数据的查询已经有了，剩下的就是报警数据的添加和删除了。添加从操作上来讲是把多个数据添加到表单中，然后点击确定钮，代码逻辑如代码清单 7-24 所示。

代码清单 7-24 添加数据

```
<Modal v-model="status.isShow.edit"
       title="报警配置编辑"
       @on-ok="handleOk"
       @on-cancel="handleCancel"
       :width="500">
  <Form :model="database.editData"
        label-position="left"
        :label-width="130">
    <FormItem label="错误名称">
```

```
        <Select style="width:300px"
                v-model="database.editData.error_name"
                filterable>
          <Option v-for="errorNameItem in database.errorNameList"
                  :value="errorNameItem.label"
                  :label="errorNameItem.label"
                  :key="errorNameItem.label"><span>{{ errorNameItem.label }}</span>
<span style="float:right;color:red">{{errorNameItem.value}}</span></Option>
        </Select>
      </FormItem>
      <FormItem label="监控范围(最近x秒)">
        <InputNumber v-model="database.editData.time_range_s"
                     style="width:300px"></InputNumber>
      </FormItem>
      <FormItem label="错误数达到x以上">
        <InputNumber v-model="database.editData.max_error_count"
                     style="width:300px"></InputNumber>
      </FormItem>
      <FormItem label="沉默时间">
        <InputNumber v-model="database.editData.alarm_interval_s"
                     style="width:300px"></InputNumber>
        <toolTip type="md-help-circle"
                 :content="CONSTANT.tipContent"></toolTip>
      </FormItem>
      <FormItem label="备注">
        <input type="textarea"
               v-model="database.editData.note"
               :autosize="true"
               style="width:300px">
      </FormItem>
    </Form>
</Modal>


async addAlarm (params) {
  if (params.alarm_interval_s < 60) {
    params.alarm_interval_s = 60
  }
  const res = await Alarm.add({
    errorType: 8,
    errorName: params.error_name || '*',
    timeRange: params.time_range_s,
    maxErrorCount: params.max_error_count,
    alarmInterval: params.alarm_interval_s,
    isEnable: 1,
    note: params.note
  })
  this.$Message.info(res.msg)
},
async handleOk () {
```

```
  if (this.status.isEditStatus.add) {
    if (this.database.editData.time_range_s === 0) {
      this.$Message.error('添加失败，监控范围不能是0')
      return
    }
    if (this.database.editData.max_error_count === 0) {
      this.$Message.error('添加失败，错误数不能是0')
      return
    }
    await this.addAlarm(this.database.editData)
    this.status.isEditStatus.add = false
  }
  if (this.status.isEditStatus.modify) {
    this.status.isEditStatus.modify = false
    await this.updateAlarm(this.database.editData)
  }
  this.getAlarmList()
},
```

代码清单 7-24 中我们需要关注的地方是 handleOk 函数。界面通过向 FormItem 中添加配置报警需要的数据（其中还包括你要更改的数据），报警配置添加完毕之后点击确定按钮，触发 handleOk 方法，在此方法中做常规校验判断，比如判断值不为 0 的情况。紧接着触发添加数据 addAlarm 方法，添加数据成功后，触发 getAlarmList 方法更新报警列表。

在完成这些之后就能看到图 7-29 的添加报警设置弹层，至于添加报警接口层面的具体实现，已经在 6.3 节中做了很详细的介绍。

图 7-29 报警设置弹层

我们介绍的这 3 种典型的数据展示方式贯穿前端监控系统所有类型的数据展示。至此，监控平台本身的搭建工作也基本完成。

7.7　小结

本章首先将平台的整体前端需求划分为 6 个部分，并从功能和代码层面实现角度对这 6 个功能模块做了详细介绍，包括模块划分、配置模块、类库依赖、页面路由、静态资源、数据展示。本章还介绍了界面展示部分的功能，包括报错主界面、性能主界面、报警设置主界面，并对其设计思路、代码结构及展示效果进行了非常详细的描述。

第 8 章将介绍如何利用监控平台来解决线上错误问题。

第 8 章
监控平台的使用

搭建一个前端监控平台本身不是目标,我们的终极目标还是希望能利用监控发现、排查、减少线上问题。本章主要介绍如何使用前端监控平台来解决具体的问题,还会结合一些真实案例介绍日常监控功能的使用方法。

8.1 监控平台的使用场景

正常一个线上问题的验证流程如图 8-1 所示。通常情况下,线上问题从发现到最终修复会经历图 8-1 中给出的 6 个步骤,其中收到报警、平台查看问题详情和线上数据验证会涉及我们的监控平台,另外 3 个步骤通常在不同公司都有自己的系统,这里不做详述。

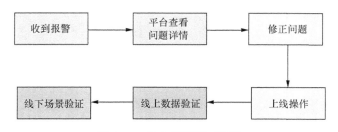

图 8-1 线上问题验证流程

一个普通线上报警涉及的监控页面如图 8-2 至图 8-5 所示。图 8-2 给出的是通过报警渠道接收到的消息通知,该渠道可能是微信、邮件甚至短信。

```
消息:82938ca11f
来自机器(█████):
项目【****】监控的【页面报错_CONSOLE_ERROR】错误,抽样比例
【100%】最近【60】秒内错误数【30】,达到阈值【30】,触发报警,报警备
注【】。点击此处查看错误详情 => http://████████/error/detail?
lid=147536&pid=1
```

图 8-2 收到报警

通常情况下,收到报警后会第一时间查看,图 8-3 所示为前端监控平台发给报警接收人的一条消息,通过查看这条报警消息能了解本次报警的大体情况。

```
⊗ 页面报错_IMAGE_LOAD_ERROR                                      复制

{
  "type": "error",
  "project_name": "█████████",
  "extra": {
    "desc": "https://█████████/customer/page/toC███████@https://k████
█████m/customer/page/t██████e",
    "stack": "no stack"
  },
  "ip": "123.168.100.█",
  "country": "中国",
  "province": "山东",
  "city": "青岛",
  "code": 7,
  "project_id": 33,
                                                    2019-12-05 13:59:01 ⏰

⊗ 页面报错_IMAGE_LOAD_ERROR                                      复制
```

图 8-3 问题快速查看器

如果无法通过快捷消息得到反馈,用户就可能需要登录监控系统,查看对应的错误详情(包括栈信息、IP 地址、用户运行环境、错误地理分布、错误发生时间堆叠图等,如图 8-4 所示),以此辅助排查问题。

在开发者修复完线上问题后,开发人员通常会通过观察监控上的错误数据(如图 8-5 所示)是否下降到正常水平来判断本次线上问题是否成功修复。

常规的监控使用场景就介绍到这里。接下来,将通过一些真实的案例来补充一些不常用的技巧。

图 8-4 报警错误栈信息

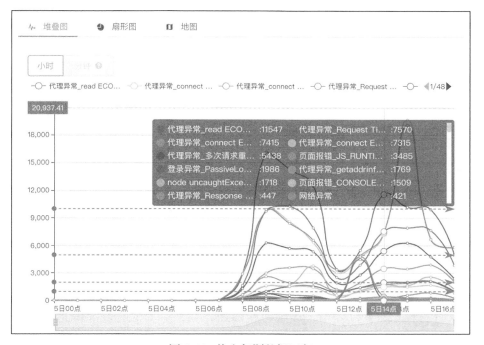

图 8-5 线上问题数据回归

案例 A：前端监控报错大量接口超时，常规情况下，优先检查中间层转发接口有无异常；其次检查日志有无异常，如果都没有异常，说明在发起请求端有问题。此时，通过监控平台的地理模块查看报错集中的地理位置。如果存在某个特定地区出现大量超时，可以询问当地对应网络供应商，是否存在大面积报修。其很大概率上是因为网络供应商带来的线上问题。

案例 B：部分用户反馈某页面访问特别慢，而且经常超时，初步怀疑为代码层面问题，在充分排查无果后，怀疑为运营商网络问题，但是问题出现范围覆盖全国，在观察性能数据时，以设备为维度检索发现图 8-6 所示的情况。

设备	样本数	首次渲染耗时 指标分布区间(单位:ms)					
		<50	50~200	200~500	500~1000	1000~2500	>2500
Apple-iPhone	970	0%	0%	0%	71.48%	25.98%	2.53%
Huawei-MHA-AL00	51	1.1%	0.55%	1.73%	63.66%	21.64%	11.31%
Huawei-BLA-AL00	46	2.42%	1.2%	2.34%	67.33%	22.81%	3.89%
Huawei-EML-AL00	44	0%	0%	0.75%	87.76%	7.43%	4.04%

图 8-6　出现某类问题的设备分布

通过查看图 8-6 所示的信息发现，问题大多出现在 Huawei-MHA-AL00 手机上，Huawei-MHA-AL00 通常称为华为 Mate 9。但是，奇怪的是，大部分经纪人的华为 Mate 9 并没有出现异常，最后排查发现根本原因是当华为手机的操作系统升级到 MHA-AL00 8.0.0.357 系统时，华为手机有小概率会出现手机信号突然切换至 2G 网络的情况。而且当时在出现问题的时候，华为官方已经修复此问题，只需将用户手机的操作系统升级即可。

在前端 bug 修复过程中，碰到手机厂商存在部分 bug 的情况再正常不过了。对此类问题，我们要有敏锐的洞察力，才能高效地解决问题。

8.2 监控平台本身的挑战

刚刚搭建完这个监控平台的时候，我们只用了 7 个表和 1 个 Redis 实例就保存了所有的数据，每天的原始日志大概也就是数十万条，占用磁盘 25MB。那时我们只接入了 1 个项目，因此可以把所有的监控数据都存进去。

然而，随着监控平台的推广，接入项目由最开始的 1 个到现在的 300 多个，数据条数从最开始的数十万条到现在的上亿条，日志大小从每天几十 MB 到现在每天几百 GB。如此，在数据不断增长的情况下，我们首先提供了抽样功能，但借助错误报警的抽样又不能明显地发现问题，因此前端监控平台只能以全量的方式进行数据收集，这无疑是监控平台面临的一大挑战。

接下来，我将具体介绍一下监控平台所面对的历次挑战。

第一次挑战是数据量的增大致使原始日志被清洗之后入库的数据"撑破"数据库表。一个表的数据超过 3000 万条，就算加上索引查询效率也不尽如人意，所以我们从最开始的一个表来存储所有项目的数据，变成一个表只存一个项目，后来又开始按照字段垂直拆表，按照日期水平拆表，最后发展成每天一个项目一个表才能满足需求。那时候每个月我们的数据库仅 Fee 一个项目就新增数据库表 3500 个。由于线上 DBA 不提供动态创建表的功能，因此每个月最痛苦的是通过 DBA 提供的可视化界面创建表。后来我们又把数据库下线，自己维护数据库，虽然不用面对手动建表的问题了，但是庞大的数据库表的使用和备份依旧给我们带来了很大的成本。

除此之外，报警配置读取数据库的速度缓慢也是一个严重的问题，为此我们使用 Redis 来对报警配置进行二级缓存，缓解了实时数据匹配报警配置过慢的问题。

由于检索功能的上线，我们把数据库原始数据和错误详情部分从 MySQL 里拿出来，并将它们保存在了 ElasticSearch 集群中，为了防止服务宕机，数据部署到了 3 个实例上，如图 8-7 所示。

使用了 ElasticSearch 集群后，数据库表需求急剧减少，最后只有项目表和用户表权限表等几个不需要分表的常规表。ElasticSearch 优异的评分竞选搜索模式还为错误的搜索提供了非常棒的搜索体验。

第二次挑战是错误多样性，最开始的时候针对报错我们仅区分了 JavaScript 运行时错误、网络错误、资源加载失败错误。但是，后来用户提出了要区分中间层报错，再后来又加入了 WebView 报错类型等。随着接入方的增多，我们的错误类型变得越来越不可控。

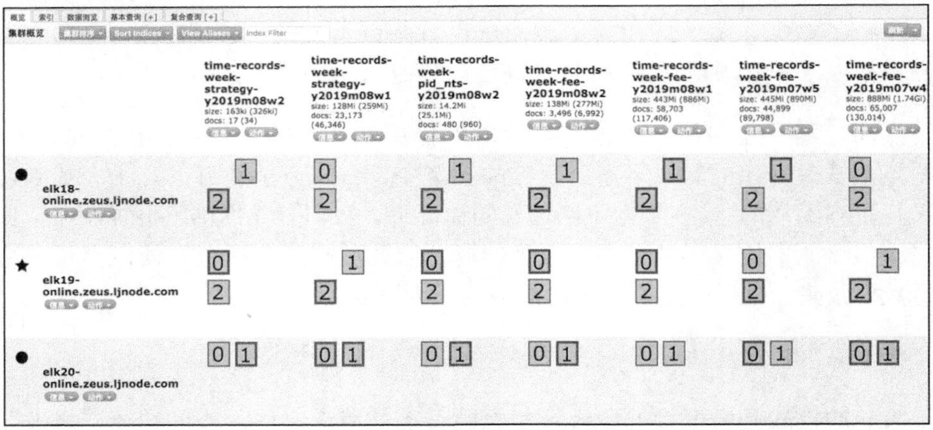

图 8-7 ElasticSearch 集群连接图

在疲于奔命的时候，我们最终突然冒出了一个想法：为什么不让用户做选择？于是我们把分类的权利交给了用户，可以让用户根据下划线的方式区分错误分类，或者添加新的错误类型，如代理异常 _connect、登录异常 _PassiveLogout。这样用户就可以添加任何想要的错误类型并且可以自定义检索的维度了。于是，我们在系统上所看到的操作界面就变成图 8-8 所示的样子，用户可以自己分类各种异常，并且可以根据数据类型进行检索。

图 8-8 报错信息检索

8.3 小结

本章主要介绍了两个方面的内容。一个是监控平台的使用，包括从收到报警到查看报错日志解决问题的整个流程。通过列举某些特殊情况的案例来帮助读者更好地使用这个监控系统。另一个是此监控平台的搭建及运维过程中遇见的难题及解决方法，这些难题的解决方法对于平台型的工程来说是相通的，读者可以引以自用。

至此，本书的全部内容就结束了，本书从最开始的梳理需求，到设计监控平台的数据存储，再到最后的后端服务拆分、前端界面展示，最终使用一整套流程视图描述了一个监控平台搭建的所有环节。最终让大家对于自己搭建前端监控系统有一个清晰的认知。

附录
Node.js 后端处理方案总结

在做 Fee 的后端部分时,遇到的最大难点就是没有可参考的技术方案。虽然从 2009 年到现在,Node.js 已经推出了差不多 10 年,但是业内的 Node 最佳实践还是比较匮乏。在本附录中我把当时遇到的问题集中整理出来,供读者参考。

基础代码架构

截至 Node.js 8,仍然不能直接使用 import 语句,只能通过 require,经相对路径才能导入模块。此外,Node.js 并不能支持所有的 ElasticSearch 语法,写代码非常不方便。

解决方案和 Web 开发一样:引入 babel,在 src 目录中编写源代码,由 babel 编译后输出到 dist 目录中。由于使用了 babel,因此我们还可以顺便解决最让人头疼的相对路径问题:引入 babel-plugin-root-import 插件,配置一下 babelrc,我们就能使用"~/src"作为代码中的根路径。如此一来,所有引入只要从根路径中正常导入,就不需要再用相对路径了。

最终代码如代码清单 A-1 和代码清单 A-2 所示。

代码清单A-1　package.json中的启动命令

```
"scripts": {
    "watch": "babel src --copy-files --watch --out-dir dist  --ignore src/public --verbose --source-maps",
    "build": "babel src --copy-files -d dist --verbose",
    "production": "NODE_ENV=production node dist/app.js",
```

```
    "dev": "NODE_ENV=development nodemon dist/app.js",
    "fee": "NODE_ENV=development node dist/fee.js"
}
```

代码清单A-2　.babelrc的配置

```
{
  "presets": [
    [
      "@babel/preset-env",
      {
        "targets": {
          "node": "6.10"
        }
      }
    ]
  ],
  "plugins": [
    [
      "babel-plugin-root-import",
      {
        "rootPathSuffix": "./",
        "rootPathPrefix": "~"
      }
    ]
  ],
  "ignore":[]
}
```

代码清单 A-1 为常规的 Node.js 命令集合，它的指令中包含了 5 个命令。

- watch：监控 Node.js 项目代码文件变化命令。主要是把在 Node.js 中修改的文件同步到本地开发环境上。
- build：基础构建命令，主要是 Node.js 在上线之前要执行的打包命令。
- production：以 production 为环境变量参数启动 Node.js 服务，通常情况下在 Node.js 项目成功上线后，会通过 production 命令启动线上 Node.js 服务。
- dev：以 dev 为环境变量参数启动 Node.js 服务，通常情况下在线下开发 Node.js 服务代码时使用。
- fee：数据清洗指令，指令会执行 dist/fee.js 文件中的代码，指令的具体功能要以 dist/fee.js 文件中的具体逻辑为准。

代码清单 A-2 给出的主要是遵循 babel 标准的配置文件，它的主要功能是设置项目的根路径，以及指定 babel 的最优支持版本等。

服务器路由

前端监控平台中通过约定的方式实现权限管理功能，大致思路如下：在 utils 中添加 routerConfigBuilder，接收 url、methodType、func、needProjectPriv 和 needLogin 这 5 个参数。url 对应接口路由，methodType 用于区分接口是 Get 还是 Post 请求，func 为具体处理函数，needProjectPriv 和 needLogin 分别对应是否需要项目权限和是否需要登录。在实际业务中，如果有其他权限需要判断，可以自定义最后 2 个参数。routerConfigBuilder 接收这 5 个参数后，会将键与值一一对应。

最终代码如代码清单 A-3 至代码清单 A-5 所示。

代码清单 A-3 实现的具体功能是统一对接口返回数据进行包装，这样做的主要目的是，在前端界面接收到服务器接口返回的信息时，能通过 routerConfigBuilder 包装的信息提前告知前端工程师本次请求接口返回数据是否正确。

代码清单A-3　routerConfigBuilder的实现

```
const METHOD_TYPE_GET = 'get'
const METHOD_TYPE_POST = 'post'

/**
 *
 * @param {String} url                      接口url
 * @param {String} methodType               接口类型METHOD_TYPE_GET /
 *                                          METHOD_TYPE_POST
 * @param {Function} func                   实际controller函数
 * @param {Boolean} needProjectPriv         是否需要项目权限
 * @param {Boolean} needLogin               是否需要登录
 * @param {Object}
 */
function routerConfigBuilder (url = '/', methodType = METHOD_TYPE_GET, func, need
ProjectPriv = true, needLogin = true) {
  let routerConfig = {}
  routerConfig[url] = {
    methodType,
    func: (req, res, next) => {
      // 封装一层，统一加上catch代码
      return func(req, res, next).catch(e => {
        Logger.error('error.massage =>', e.message, '\nerror.stack =>', e.stack)
        res.status(500).send(API_RES.showError('服务器错误', 10000, e.stack))
      })
    },
    needLogin,
    needProjectPriv
  }
```

```
  return routerConfig
}
```

路由都需要先进行声明，然后才能使用。代码清单 A-4 给出的是一个简单的路由声明。

代码清单 A-4　监控路由声明

```
let onlineRouterConfig = RouterConfigBuilder.routerConfigBuilder(
  '/api/behavior/online',
  RouterConfigBuilder.METHOD_TYPE_GET,
  online
)

export default {
  ...onlineRouterConfig
}
```

很多前端监控平台的操作是需要验证用户个人信息的，因此用户是否登录就变成了一个尤为重要的通用功能。代码清单 A-5 实现的功能主要是验证用户是否登录。

代码清单 A-5　登录统一处理

```
import RouterConfigBuilder from '~/src/library/utils/modules/router_config_builder'

const baseRouter = express.Router()

// 路由分为以下部分
// 不需要登录
const withoutLoginRouter = express.Router()
// 需要登录
const loginRouter = express.Router()
// 需要登录：需要项目 id
const loginProjectRouter = express.Router()
// 需要登录：不需要项目 id
const loginCommonRouter = express.Router()

// 自动注册
for (let url of Object.keys(routerConfigMap)) {
  let routerConfig = routerConfigMap[url]
  if (routerConfig.needLogin) {
    // 需要登录
    if (routerConfig.needProjectPriv) {
      // 需要校验项目权限
      Logger.log(`需要登录,也需要检验项目权限(Method: ${routerConfig.methodType}) =>`, url)
```

```
        registerRouterByMethod(loginProjectRouter, routerConfig, url)
      } else {
        // 不需要校验项目权限
        Logger.log(`需要登录,但不需要检验项目权限 (Method: ${routerConfig.methodType})
=>`, url)
        registerRouterByMethod(loginCommonRouter, routerConfig, url)
      }
    } else {
      Logger.log(`不需要登录 (Method: ${routerConfig.methodType}) =>`, url)
      // 不需要登录
      registerRouterByMethod(withoutLoginRouter, routerConfig, url)
    }
  }
```

如何选择工具包

编写后端项目最大的难点在于如何挑选适用的工具包。例如，MySQL 交互用什么？Redis 交互用什么？日志记录用哪个包？npm 中选项太多，标准太杂，没有办法做出判断，而随便选一个潜在代价又实在太高，怎么办呢？

我当时选择了从网上找解决方案，方法如下：

（1）找一个使用人数较多的服务端 JavaScript 框架（可以到 Stack Overflow 网站上找）而且该框架需要是令人信服的。

（2）查看这个框架中用了什么样的软件包，是不是和我们选的软件包一样。

（3）如果一样，相信大团队的判断力，可以在项目中直接引入；如果不一样，再找其他方案。

最终我选择的参考框架是 AdoniJs，它号称是 JavaScript 中与 Laravel 最像的框架。通过这个框架，我先后找到了 Knex、ioredis、AdonisJS/ace 等软件包。随后的实践证明，我的选择是正确的。

判断 IP 地址来源

作为一个监控系统，判断故障来源是必需的功能。但是，中国运营商状况非常复杂，不像手机号有明显的规则。因此，我最后选用了 ipip 地址库作为判断依据。ipip 是非常优秀的，并且是覆盖面最大的商业 IP 地址库，其免费版可以精确到地级市，同时每月更新，完全可以满足我的需要。

代码清单 A-6 实现的功能是使用 ipip 来做地址映射。

代码清单A-6　IP 来源判定

```javascript
// 引入ipip-datx模块
// 基于ipip.net提供的地址库数据
// 最后更新时间：2018-09-19
import path from 'path'
import datx from 'ipip-datx'
import _ from 'lodash'

let ipDatabaseUri = path.resolve(__dirname, './ip2locate_ipip.net_20180910.datx')

let DatabaseClient = new datx.City(ipDatabaseUri)

function isIp (ip) {
  return /^(([1-9]?\d|1\d\d|2[0-4]\d|25[0-5])(\.(?!$)|$)){4}$/.test(ip)
}

function ip2Locate (ip) {
  let country = ''
  let province = ''
  let city = ''
  if (isIp(ip) === false) {
    return {
      country,  // 国家
      province, // 省
      city      // 市
    }
  }
  let res = DatabaseClient.findSync(ip)
  country = _.get(res, [0], '')
  province = _.get(res, [1], '')
  city = _.get(res, [2], '')
  return {
    country,  // 国家
    province, // 省
    city      // 市
  }
}

export default {
  ip2Locate
}
```